排烟风机信息融合故障诊断方法与系统研究

阳小燕　周　雄　编著

北京

冶金工业出版社

2013

内 容 提 要

　　本书综合运用信息融合理论、提升小波信号预处理及特征提取方法、盲源分离故障诊断方法、BP-ART2 神经网络故障诊断、多专家协同诊断等先进理论和算法，对多传感器信息在多层结构上进行多诊断方法的信息融合，并在理论研究的基础上，开发了排烟风机运行状态监测与故障诊断微机集中式和 DSP 分布式两种监测与故障诊断系统，实现了排烟风机的有效故障诊断。

　　本书可供从事排烟风机或大型旋转机械状态监测、故障诊断等方面理论研究或系统开发的学者与相关工程技术人员参考。

图书在版编目（CIP）数据

　　排烟风机信息融合故障诊断方法与系统研究/阳小燕，周雄编著 . —北京：冶金工业出版社，2013.8
　　ISBN 978-7-5024-6419-6

　　Ⅰ. ①排… 　Ⅱ. ①阳… 　②周… 　Ⅲ. ①烟气排放—风机—故障诊断—研究 　Ⅳ. ①TH4

　　中国版本图书馆 CIP 数据核字（2013）第 241985 号

出 版 人　谭学余
地　　　址　北京北河沿大街嵩祝院北巷 39 号，邮编 100009
电　　　话　（010）64027926　电子信箱　yjcbs@ cnmip. com. cn
责任编辑　陈慰萍　美术编辑　吕欣童　版式设计　孙跃红
责任校对　郑　娟　责任印制　牛晓波
ISBN 978-7-5024-6419-6

冶金工业出版社出版发行；各地新华书店经销；北京百善印刷厂印刷
2013 年 8 月第 1 版，2013 年 8 月第 1 次印刷
148mm×210mm；5.125 印张；151 千字；154 页
25.00 元

冶金工业出版社投稿电话：（010）64027932　投稿信箱：tougao@cnmip. com. cn
冶金工业出版社发行部　电话：（010）64044283　传真：（010）64027893
冶金书店　地址：北京东四西大街 46 号（100010）　电话：（010）65289081（兼传真）
　　　　　（本书如有印装质量问题，本社发行部负责退换）

前　言

　　排烟风机广泛应用于冶金、建筑、化工、发电等大型企业，是国民经济建设中不可缺少的关键设备。排烟风机的运行环境恶劣，在其状态检测、故障特征分析以及故障诊断时存在更多的复杂性与不确定性，因此，对其故障诊断方法的研究具有重要意义。本书研究了信息融合理论、提升小波信号预处理及特征提取方法、盲源分离故障诊断方法、BP-ART2 神经网络故障诊断、多专家协同诊断理论等先进理论和算法，对多传感器信息在多层结构上进行多诊断方法的信息融合，并在理论研究的基础上，开发了排烟风机运行状态监测与故障诊断微机集中式和 DSP 分布式两种监测与故障诊断系统，实现排烟风机有效的故障诊断。

　　本书可作为从事排烟风机或大型旋转机械状态监测、故障诊断等方面理论研究、系统开发、设备维护的学者与相关工程技术人员的参考书。

　　项目在研究与开发过程中，得到了研究团队的大力支持，在此感谢中南大学刘义伦教授、周国荣教授，湖南科技大学李学军教授、王广斌博士，武汉科技大学金晓宏教授，重庆科技学院唐一科教授。此外，作者在编写过程中，参阅了大量的有关文献，在此向有关人士一并致谢。

　　由于编者水平所限，书中的错误与不妥之处，敬请各位读者批评指正，更望各位同行不吝赐教。

编著者

2013 年 8 月

目　录

符 号 说 明

FFT——Fast Fourier Transform，傅里叶变换

STFT——Short-Time Fourier Transform，短时傅里叶变换

MRA——Multi Resolution Analysis，多分辨率分析

WT——Wavelet Transform，小波变换

LS——Lifting Scheme，提升格式

LWT——Lifting Wavelet Transform，提升小波变换

ANN——Artificial Neural Networks，人工智能神经网络

BP——Back Propagation，反馈神经网络

ART——Adaptive Resonance Theory，自适应共振理论

ES——Expert System，专家系统

BSS——Blind Sources Separation，盲源分离

ICA——Independent Component Analysis，独立分量分析

PCA——Principal Components Analysis，主成分分析

SVD——Singular Value Decomposition，奇异值分析

D-S——Dempster-Shafer Evidential Theory，D-S 证据推理

DSP——Digital Signal Processor，数字信号处理器

CPLD——Complex Programmable Logic Device，可编程逻辑器

CAN——Controller Area Network，CAN 总线网络

1 绪 论

1.1 机械故障诊断的发展与现状

随着科学技术的发展,机械设备越来越复杂,自动化水平越来越高,设备在现代工业生产中的作用和影响越来越大。设备在运行中一旦发生故障或失效,轻则会造成一定程度的经济损失,重则会导致灾难性的人员伤亡和恶劣的社会影响。

历史上由于设备发生故障而造成的灾难性事故很多[1~6]。在国外,1972 年日本关西电力公司南海电厂 3 号机组 600MW 汽轮发电机因振动幅度过大引起严重的断轴毁机事件;1979 年美国三里岛核电站由于错误判断和操作,导致核反应堆堆芯严重损坏,放射性物质泄漏,造成了几十亿美元的经济损失;1984 年印度博帕尔的碳化物公司农药厂毒气泄漏,造成 2000 多人死亡、20 多万人受害的空前工业灾难;1986 年美国挑战者号航天飞机在发射升空后由于火箭系统出现故障,飞机爆炸失事,机毁人亡,损失达 12 亿美元;1986 年苏联切尔诺贝利核电站爆炸,泄漏放射性物质,造成 2000 余人死亡,数万居民背井离乡,损失达 30 亿美元,核污染后果至今犹存。1992 年德国 Wilmersdorf 电厂一台 83.6MW 的发电机发生事故,并引起氢气爆炸造成火灾,直接经济损失 2000 万马克。在国内,1985 年大同电厂、1988 年秦岭电厂发电机组先后发生事故,直接经济损失高达 1亿元人民币;1990 年荆门炼油厂烟机转子开裂报废,损失达 1000 万元以上;1998 年华北电网出现同时 5 台 200MW 以上的大型汽轮发电机组由于振动原因导致停机检修的事件,造成严重影响华北地区工业生产的紧急局面;2005 年中石油吉林石化公司双苯厂发生爆炸,导致松花江水质污染,严重威胁沿江人们的生活。这些血泪教训促使人们在故障诊断方面进行了大量的研究,形成了机械设备故障诊断的新兴研究领域。

国内外许多研究资料表明，开展故障诊断工作所取得的经济效益非常显著。日本采用故障诊断技术之后，事故率减少了 75%，维修费用降低了 25% ~50%；英国对 2000 多个大型企业开展了故障诊断工作之后，每年节省维修费用 3 亿英镑，而用于故障诊断的费用仅为 0.5 亿英镑；在我国，冶金行业每年用于设备维修的费用达 250 亿元，若推广故障诊断技术，则每年可以减少事故 50% ~70%，节约维修费用 10% ~30%。据专家统计分析，开展故障诊断技术工作的投入产出比约为 1：17。因此，对现代生产企业中的大型关键设备开展故障诊断工作，及时处理设备运行中出现的故障，保障企业安全可靠地生产，不仅可以取得巨大的经济效益，而且还具有深远的社会意义。

1.1.1 国内外研究现状

自 20 世纪 60 年代开始，国外很多机构和学者就开始对故障诊断进行广泛的研究[7~19]。1967 年美国国家宇航局（NASA）成立美国机械故障预防小组 MFPG（Mechanical Fault Prevention Group）。70 年代英国成立了机械健康监测中心（Mechanical Health Monitoring Center），该中心在 20 世纪 80 年代在发展和推广设备诊断技术方面做了大量工作，起到了积极作用。20 世纪 80 年代，曼彻斯特大学的沃福森工业维修公司（WIMU）开始故障诊断技术的研究。具有工厂实践经验的涡轮机械故障机理的权威 John Sohre 于 1968 年发表的论文《高速涡轮机械运行问题的起因和治理》，清晰简洁地描述了典型的机械故障征兆及其可能成因，并将典型的故障划分为 9 类 37 种。日本的故障诊断专家白木万博自 20 世纪 60 年代以来发表了大量的故障诊断文章，积累了丰富的现场故障处理经验，并进行了理论分析。自 20 世纪 90 年代以来，Bently 公司在转子动力学、旋转机械的故障机理以及振动监测方面研究比较深入。IRD 公司的故障预防性维修技术、瑞典 SPM 仪器公司的轴承监测装置、丹麦 B&K 公司的回转机械监测仪和声发射技术、挪威的船舶诊断技术、德国 ALLIANTECHNIC 研究所的故障机理分析等处于国际领先地位。大量面向大型机械设备状态监测与故障诊断的商品化系统不断研发成功，如美国 GE 公司研制的用于内燃电力机车故障排除的专家系统 DELTA；美国西屋电器公司（West House Electronic Corporation）的汽轮发电机组智能化故障诊断系统；美国 Bently 公司的数据管理系统 Data Manager 2000、状态监测系统 Machine Condition Manager 2000 和趋势分析系统 Trendnaster 2000；美国 Rockwell Automation Entek 公司的机器保护和诊断系统 XM 系列和 Emonitor 软件系列产品；法国 C. G. E 研究中心 Marcoussis 实验室开发的旋转机故障诊断专家系统 DIVA；荷兰 Philips 公司的状态监测系统 R3000；丹麦 B&K 公司推出的状态监测与故障诊断系统 B&K3450-CONPASS；日本 Mitsubishi 公司研制的机械状态监测与振动诊断专家系统 NHNS；荷兰菲利普公司的 RMS700 系列 TSI 等。

我国在故障诊断技术方面的研究开展得比较晚，它是在 20 世纪 70 年代在引进国外先进技术的基础上，通过消化、吸收、创新发展起来的。其发展过程经历了 3 个阶段：第一阶段是 20 世纪 70 年代初期到 80 年代初期，当时主要是在引进和消化吸收先进技术的基础上，研究各种机械设备的故障机理、诊断方法以及简便的监测与诊断技术，进入初步实践阶段。第二阶段为 20 世纪 80 年代，此阶段主要是总结经验，探索新的诊断理论和方法，开发研制自己的在线监测与故障诊断装置。第三阶段是 20 世纪 80 年代后期至今，在此阶段形成了具有我国特色的故障诊断理论。近年来有很多工矿企业、科研单位和大专院校积极开展设备诊断技术的理论研究、生产应用等工作，研制出满足工程需求的监测诊断系统和设备，开发出专用的诊断软件[20~30]，如：西安交通大学的 RMDS 系统和 RD-20 系统、华中科技大学研制开发的基于知识的发动机诊断系统 KBSED、哈尔滨工业大学研制开发的大型旋转机械故障诊断系统 ETHYLENE、清华大学研制的旋转机械故障诊断系统、西北工业大学的 MD3905 系统、重庆大学 CDMS 系统、郑州工学院的 MMDS2000 系统、北京英华达公司的 EN8000 系统、深圳创为实公司的 S8000 系统、北京伊麦特公司开发的 EMD6000 系列等。

1.1.2　故障诊断技术的发展趋势

机械故障诊断技术不断与前沿科学相结合，不断提高传感器与检测仪器的性能，发展信号分析与故障诊断水平，实现故障诊断的集成化与智能化。

（1）随着新的信号处理方法在设备故障诊断领域中的应用，克服传统傅里叶变换的信号分析技术对信号平稳性能的限制，采用新的信号处理方法如小波变换、提升小波变换、高阶统计量分析等，更好地对非线性、时变、非平稳信号进行去噪处理，更好地提取信号特征信息。

（2）多传感器信息融合。现代大生产要求对设备进行全方位、多角度的监测与维护，以便对设备的运行状态有整体的、全方面的了解，因此，在进行设备故障诊断时，采用多个传感器同时对设备的各个部位进行监测，并按照一定的方法将这些信息进行融合，从而提高系统故障诊断率。对排烟风机而言，机械与电气信息融合、振动与温度等工艺参数信息融合、时域与频域信息融合、不同空间位置测点的信息融合可以更有效地提高系统的故障诊断性能。

（3）现代智能诊断方法的融合。现代智能方法如神经网络、专家系统、盲源分离等在设备故障诊断技术中已得到广泛的应用。随着各种信号处理方法的不断发展，设备状态的智能监测和设备故障的智能诊断成为故障诊断技术发展的目标。

本书针对排烟风机的结构特点以及恶劣运行环境的干扰，从多传感器信息融合的多个层面上开展多诊断方法的综合故障诊断，研究信号预处理方法、多传感器的信息融合诊断以及多种诊断方法的综合诊断，从而提高恶劣环境下的排烟风机故障诊断的准确性。

1.2 故障诊断方法与技术概述

1.2.1 信息融合故障诊断

1.2.1.1 国内外研究现状

信息融合是近年来目标识别和故障诊断等领域的研究热点。信息融合是充分利用不同时间与空间的多种信息资源，采用计算机技术对按时序获得的观测信息在一定准则下加以自动分析、综合、支配和使用，获得对被测对象的一致性解释与描述，以完成所需的决策和估计任务，使系统获得比各组成部分更优越的性能[31~34]。1973 年美国提出"数据融合"概念，引起各军事强国的重视。美国国防部在 20 世纪 70 年代开始组织融合技术的研究，1984 年成立了数据融合专家组（DFS），指导、组织并协调该技术的系统性研究。1988 年，美国国防部将信息融合技术列为 20 世纪 90 年代重点开发的 20 项关键技术之一，并取得了一定的研究成果，开发了一系列 C^3I 系统[35~41]。20 世纪 80 年代，英、法、德等国在这方面的研究工作也十分活跃，英国陆军开发了炮兵智能信息融合系统（AIDD）、机动和控制系统（WAVELL）等，并提出研制"海军知识库作战指挥系统"，并于 1987 年与联邦德国等欧洲五国制定了联合开展"具有决策控制的多传感器信号与知识综合系统（SKIDS）"的研究计划；汤姆逊公司将信息融合技术应用于 MARTHA 防空指挥控制系统中；德国在"豹 2"坦克的改进计划中采用信息融合、人工智能等关键技术。在 1991 年海湾战争中，美国和多国部队使用的陆军机动控制系统（MCS）、海军战术数据系统（NTDS）、联合监视、目标攻击雷达系统（J-STARS）等是在机动平台上安装多类传感器数据融合系统并成功应用的实例。因此，在海湾战争结束后美国国防部更加重视信息自动综合处理技术的研究，在 C^3I 中增加了计算机，建立以信息融合中心为核心的 C^4I，该技术已在 1999 年的科索沃战争和 2002 年的阿富汗战争中相继发挥了重大的作用。各国的军方、跨国公司、科研院所纷纷建立了各自的实验系统，如波音公司建立的传感器数据融合分析实验台，用于开发和评估环境、仿真、跟踪、显示、分析；George Masson 大学模块融合实验系统，对公共环境中不同多传感器融合方法进行比较，开发传感器融合管理算法。

在学术方面，美国于 1984 年成立了数据融合专家组，从 1988 年起美国三军每年联合召开一次信息融合学术会议，并通过 SPIE 发表有关论文；从 1998 年开始，由 NASA 艾姆斯氏试验研究中心、美国陆军研究部、IEEE 信号处理学会、IEEE 控制系统学会、IEEE 宇航和电子系统学会每年召开一次信息融合国际会议，使全世界有关学者都能及时了解和掌握信息融合技术发展的新动向，促进了信息融合技术的发展。从 20 世纪 70 年代开始，很多学者致力于研究多传感器数据融合的理论、方法以及应用,形成了一系列系统的融合结构、算法,在战场多传感器信息融合、目标识别以及工业应用如故障诊断等方面取得了很好的成果[36~43],如 E. L. Waltz、P. Grossmann 研究了多传感器融合理论,R. C. Luo 研究了多传感器集成融合与智能系统设计,D. L. Hall、R. Mamlook 研究了多传感器融合算法。

我国在这方面的研究起步较晚,直到 20 世纪 80 年代初才开始信息融合理论与应用的研究。国防科工委在"八五"6A 预研项目中设立"C³I 数据汇集技术研究"课题,而后各国防工业研究所和科研院校纷纷起步,开始广泛开展对信息融合在军事和工业中的研究。20 世纪 80 年代末至 90 年初掀起了信息融合的研究高潮,在理论和应用研究上取得一定的成果[42~53]。例如,戴箔研究了 C³I 中的多传感器数据融合技术;赵宗贵、耿立贤等研究了三军联合作战 C³I 中的数据融合方法;杨杰、陆正刚等研究了多传感器数据融合的目标识别和跟踪。在机械故障诊断领域,屈梁生、袁小勇、张彦铎、晋风华、李录平、谭逢友等人研究了多传感器信息融合在机械故障诊断中的应用;陈进、伍星等人研究了信息融合在机械设备早期故障的识别诊断的应用。

1.2.1.2 信息融合的层次结构

多传感器数据融合分为三个层次:数据层、特征层和决策层。

(1) 数据层融合。如图 1-1 所示,数据层融合首先对各传感器的原始测量信息进行正确地关联和配准,然后进行融合以获取品质更高的信息,继而基于融合传感器数据进行特征提取和身份估计。数据层融合包括多传感器系统上反映的直接数据以及必要的预处理过程,如信号滤波、各种谱分析、小波分析等。

数据层融合目标识别的层次最低,信息损失最少,在数据关联和配准正确的情况下,准确性最高。但它也有很大的局限性:

1) 处理的信息量最大,相对其他层次的融合,对通信带宽和

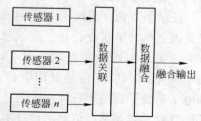

图 1-1 数据层信息融合结构

计算机等资源的要求较高。

2）处理的对象是原始数据，而不是本质信息，因此受环境等因素的影响较大。

3）数据层融合对参与融合的
数据配准关系要求较高。

（2）特征层融合。如图 1-2
所示，在特征层融合目标识别中，
各传感器观测同一个目标并进行
特征提取以获得来自每个传感器
的特征向量，然后融合特征向量

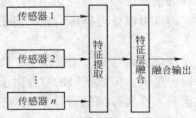

图 1-2　特征层信息融合结构

并根据获得的联合特征矢量来估计识别。特征层融合包括对数据层融合的结果进行有效的决策，对应各种故障的一般诊断方法。

特征层融合识别是数据层融合与决策层融合的折中形式，对数据配准要求不如数据层融合那样严格，信息损失、对通信带宽和计算机等资源的要求处于数据层融合和决策层融合之间，既保留了足够数量的重要信息，又实现了可观的信息压缩，参与融合的传感器可以是异质传感器，具有较大的灵活性。

（3）决策层融合。如图 1-3 所示，决策层融合是各传感器都完成变换以便获得独立的目标估计，然后再对来自每个传感器的属性分类进行融合，融合中心对各传感器识别结果进行融合前同样需要进行关联处理，以保证参与融合的识别结果来自同一个目标。决策层融合对同一目标不同类型的传感器数据进行处理，包括特征提取、识别，然后通过关联处理、决策层融合判决，从而获得联合推断结果。

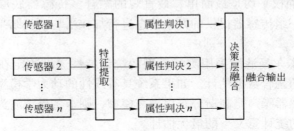

图 1-3　决策层信息融合结构

决策层融合是最高层次的融合，对信息处理具有很高的灵活性，能有效地反映环境或目标各个侧面的不同类型信息。决策层融合对传感器的依赖性小，参与融合的传感器可以是同质的，也可以是异质的，而且可以处理异步信息，但相对来说，决策层融合的信息损失量最大。

在信息融合的三个层次中，数据层的融合精度最高，决策层的融合精度最低，但数据层的融合由于要处理大量的数据对系统的实时性有影响。在实际的融合诊断系统中，根据实际应用的需要，综合考虑，选择其中一种或者混合式的融合结构。

在本书中，作者从各个层次研究排烟风机信息融合故障诊断的方法，从不同层次和侧面分析信号，从而提高系统诊断准确性。在数据预处理采用基于时域的提升小波信号处理方法，在数据融合层采用盲源分离方法实现多故障的时域诊断；在特征融合层采用改进的 ART 神经网络故障诊断方法和黑板型多专家机电融合故障诊断方法；在决策融合层采用多传感器加权激励融合诊断与多诊断方法的决策融合。通过在多个融合层次采用多种融合方法进行故障诊断，从而提高系统的故障诊断率。

1.2.1.3 信息融合方法

数据层融合方法主要有加权平均、卡尔曼滤波、贝叶斯估计、统计决策、小波变换、遗传算法等；特征层融合方法主要有簇算法、模式识别、统计分析、神经网络、小波变换等；决策层融合方法主要有贝叶斯估计、D-S 证据推理理论、聚类分析、模糊集合论、神经网络和产生式规则等。

（1）加权平均是最简单、最直观的融合多传感器底层数据的方法。它将一组传感器提供的冗余信息进行加权平均，将结果作为信息融合值[54]。

（2）卡尔曼滤波采用测量模型的统计特性递推决定在统计意义下是最优的融合数据估计。如果系统具有线性的动力学模型，且系统噪声和传感器噪声是高斯分布白噪声模型，则卡尔曼滤波为融合数据提供唯一的统计意义下的最优估计。

（3）贝叶斯估计是融合静态环境中多传感器底层信息的一种常

用方法，其信息描述为概率分布[55]。

（4）统计决策理论主要用于传感器产生的冗余定位信息的融合，其不确定性为可加噪声，因此不确定性的适用范围更广，通过鲁棒综合测试检验不同传感器数据的一致性，并利用鲁棒极值决策规则对检验合格的数据进行融合。

（5）D-S 证据推理是贝叶斯方法的扩展，将前提严格的条件从仅为可能成立中分离出来，从而使任何涉及前提概率的信息缺乏得以显示化。D-S 证据推理中将概率指定为一个识别框架，而贝叶斯估计中概率集仅能指定到一个单点集。因此，D-S 证据推理使用不确定性的区间进行推理，而贝叶斯估计仅仅使用一个代替前提概率为真的值[56~61]。

（6）具有置信因子的产生式规则在进行多传感器信息融合时，采用符号表示目标特征和相应的信息之间的联系，与每个规则相联系的置信因子表示它的不确定性程度。当在同一个逻辑推理过程中的两个或多个规则形成一个联合的规则时，可以产生融合。产生式规则用于融合时的主要问题是每个规则的置信因子的定义与系统中其他规则的置信因子相关，使得系统的改变复杂化，如系统中引入新的传感器时，需要加入相应的附加规则。

（7）模糊逻辑是多值型逻辑，通过指定一个 0 到 1 的实数表示真实度，将多传感器信息融合过程中的不确定性直接表示在推理过程中，如果采用系统化的方法建模来融合过程中的不确定性，则可以产生一致性模糊推理。

（8）神经网络根据当前系统所接受到的样本的相似性，调节网络的权值分布，通过非线性映射实现目标识别。目前国外学者在神经网络多传感器集成和融合方面做了很多开创性的工作[62]。

1.2.1.4　信息融合的发展趋势

随着传感器技术、数据处理技术、计算机技术、人工智能技术、并行计算软件和硬件技术等相关技术的发展，多传感器信息融合逐渐成为复杂工业系统智能检测与数据处理的重要技术。多传感器信息融合技术的主要研究方向主要集中在以下几方面：

（1）改进融合算法以进一步提高融合系统的性能。目前，将模糊逻辑、神经网络、进化计算、粗集理论、支持向量机、专家系统、小波变换等计算智能技术有机地结合起来，利用集成的计算智能方法提高多传感器融合的性能。

（2）动态异类多传感器信息融合技术研究。由于动态多源异类信息融合中涉及面广、层次多，因而普遍存在时效性与信任性问题，该问题已成为信息融合领域的研究方向之一。

（3）针对具体的应用情况，正确评价多传感器信息融合结果。

随着故障诊断技术的不断发展，针对排烟风机运行环境与机械设备结构的特殊性，运用多传感器信息融合理论，在数据层、特征层和决策层综合盲源分离故障诊断方法、神经网络故障诊断方法、黑板型多专家协同故障诊断方法等实现时域、频域、时空、机械与电气信息相互融合，从而有效地提高排烟风机故障诊断的准确性。

1.2.2 信号预处理技术

1.2.2.1 小波信号预处理

自 1807 年傅里叶指出任何周期函数可以用一系列正弦函数表示以来，傅里叶分析一直是众多科学领域特别是信号处理、图像处理等领域中应用最广泛、效果最好的一种分析手段。傅里叶变换把信号波形分解成许多不同频率的正弦波的叠加，从而实现从时域到频域的相互转化。傅里叶变换虽然能够将信号的时域特征和频域特征联系起来，但不能把二者有机地联系起来。因为信号的时域波形中不包含任何频域信息，而其傅里叶谱是信号的统计特性，是在整个时域内的积分，没有局部化分析信号的功能，不具备时域信息。而小波变换具有时域局部化和频域局部化的特点，解决了傅里叶变换的不足，因此，小波变换成为了信号分析中的重要工具[63,64]。

1910 年，Haar 提出了用规范正交小波基替代傅里叶变换中的三角基的思想，构造了紧支撑的正交函数系——Harr 函数系。1936 年，Littlewood 和 Paley 对傅里叶级数建立了二进制频率分量分组理论，构造了一组 Littlewood-Paley 基，为小波的发展奠定了理论基础。1946 年，Gabor 提出了加窗傅里叶变换（Gabor 变换）理论，从而对信号的表示具有时频局部化性质。1980 年，Morlet 与 Grossman 在分析地震资料时引入了"小波"（wavelet）概念，并建立了完整的具有平移和伸缩变换不变性的连续小波变换的几何体系。1982 年，Stromberg 构造了第一个正交小波基；随后，Meyer 证明了一维小波的存在性，并构造了具有一定衰减性质的光滑小波函数。1986 年，Mallat 和 Meyer 提出了多分辨分析（Multi Resolution Analysis，MRA）的理论框架，为正交小波基的构造提供了一般的途径，多分辨分析的思想是小波的核心。至此，小波分析真正成为了一门学科。20 世纪 80 年代后期是小波理论发展的一个重要时期，其中法国数学家 Daubechies 和 Mallat 的工作推动小波从理论进入应用研究。1988 年，Daubechies 构造了具有紧支集的光滑正交小波基——Daubechies 基；1989 年，Mallat 提出了多分辨分析的概念，给出了构造正交小波基的一般方法；同时给出了小波快速算法——Mallat 算法（FWT），其作用和地位相当于傅里叶分析中的 FFT[65~74]。然而第一代小波在实际应用中存在如下不足：

（1）信号经过第一代小波变换后产生的是浮点数，在编码前需要进行取整，由于计算机有限字长的影响，往往不能精确地重构信号。

（2）第一代小波变换是通过卷积实现的，计算复杂，对内存的需求量较大，不利于硬件实现。

（3）对边界区域的小波构造、曲面和球面的小波构造、加权系数小波的构造、不规则的小波变换等，第一代小波构造所用的传统构造方法傅里叶变换不再适用。面临一些实际问题时，第一代小波往往表现得不够灵活。

由于以上不足，第一代小波在实现和应用中受到了很大的局限，这主要是由小波的平移伸缩不变性引起的。1995 年，Sweldens 提出了一种基于空间域的小波构造方法——提升方法（Lifting Scheme），可以构造非欧空间中不允许伸缩和平移而且傅里叶变换不适用情形下的小波基。第二代小波基不是某个特殊函数的伸缩和平移，而是第一代小波的小波母函数的伸缩和平移。

利用提升方法可以构造出 Daubechies 双正交小波。Calderbank、Daubechies、Sweldens 等人利用提升方法实现了整数小波变换。提升方法还为小波变换和子带滤波提供了一种快速算法，Daubechies 和 Sweldens 利用滤波器的多相表示和 Laurent 多项式的 Euclidean 算法将所有的小波变换（正交或双正交）以及所有精确重构子带滤波分解成提升过程来实现。Kovacevic 与 Sweldens 利用提升枝术构造了任意维任意网格具有高阶和对偶消失矩的插值双正交小波滤波器和 M 通道插值小波滤波器[75~82]。

提升格式作为小波变换的另一种途径，自从出现以后就得到了非常广泛的应用。这是因为与传统的卷积方法相比，提升格式有如下一些非常突出的优点：

（1）易于实现快速的小波运算。提升格式充分利用高通和低通滤波器的相似性，降低运算的复杂度，相比传统的 FIR 滤波器组，提升格式能将运算量减少至一半，从而提高运算速度。

（2）能够进行原位计算。前一个提升步骤的输出刚好是后一个步骤的输入，奇偶数据分开处理，不需要额外的空间来存放变换过程中的数据，更节省内存空间。

（3）容易得到反变换。提升格式的各个步骤都是可逆的，只要将各步骤逆转就可以直接得到反变换。

（4）易于构造自适应的非线性小波变换。由于提升格式完全基于空间特征，因此可以基于图像的局部性质，合理地挑选预测算子，使恢复的信号品质更好。在信号局部光滑的区域，选高阶预测算子；在边界区域，因相关性小，选低阶预测算子，这样使预测算子依赖处理的数据具有非线性。

1.2.2.2 小波去噪

Mallat 是小波在信号处理中的应用的最早研究者之一，他建立了小波变换快速算法并运用于信号和图像的分解与重构，采用 Lipschitz 指数表征信号的奇异性，并描述了小波变换进行信号奇异性检测，提出了采用小波变换模极大值进行信号去噪的方法，这是小波去噪的最经典的方法。Mallat 通过对小波系数进行模极大值处理之后，在小波变换域内去除了由噪声对应的模极大值点，仅保留了由真实信号所对应的模极大值点。然而仅仅利用有限的模极大值点进行信号重构，误差比较大，因此，基于模极大值原理进行信号去噪时，存在一个由模极大值点重构小波系数的问题。Mallat 提出的交替投影方法较好地解决了这个问题，然而，交替投影方法计算量很大，需要通过迭代实现，有时还不稳定。Stanford 大学 Donoho 致力于信号的去噪，取得了大量的成果，Donoho 和 Johnstone 等人于 1995 年提出了信号去噪的软阈值方法和硬阈值方法，推导出计算通用阈值的公式，并从理论上证明了该阈值是最优的。阈值去噪方法引起了国内外学者的注意，在随后的几年中，很多学者加入到小波去噪的研究中[83~90]。最近十年来国内很多学者对小波理论和应用进行了深入的研究，如何岭松、吴波、陈涛、屈梁生、张梅军等对小波在机械诊断、信号处理方面的应用上进行了研究；王娜、贾传荧、段晨东、何正嘉等对提升小波的理论研究及在机械故障诊断中的应用、早期故障诊断等进行了深入分析[90~106]。在去噪阈值函数方面，很多学者在 Donoho 研究的硬阈值、软阈值函数的基础上，从不同角度对阈值函数进行了改进[107~112]，如赵婷婷、苑惠娟等在软硬阈值函数基础上采用矫正因子来调整软硬阈值的恒定偏差；李玉、于凤芹等在 $T/2 \sim T$ 之间引入多项式因子，减小了 $0 \sim T$ 之间的误差；张维强、宋国乡在阈值突变点引入了指数函数，提高系统高阶导数的连续性；付炜、许山川等在阈值函数中引入双变量，设计了双变量阈值函数。

信号预处理是排烟风机状态监测与故障诊断的首要环节，只有经过可靠的信号处理，才能获取准确的有效信号和故障特征，最终实现正确的状态监测与故障诊断。作者分析了第二代小波算法——提升小波信号处理，设计了一种改进型去噪阈值函数，并研究了基于信号局部特征的自适应提升小波信号去噪方法。在提升小波函数选择中，提出了平滑递变插值阶次的提升小波函数，从而实现提升小波处理的连续性。在信号特征提取中，针对小波重构所引起的频率混淆，设计了改进的小波分解与重构算法，有效地提高了信号频谱特征的提取。

1.2.3 神经网络故障诊断

1.2.3.1 神经网络的发展概况[116~122]

人工神经网络（Artificial Neural Networks，ANN）是对人类大脑神经网络系统的一种物理结构上的模型，即以计算机仿真方法，从物理结构上模拟人脑，以使系统具有人脑的某些智能。

　　早在 1943 年心理学家 McCulloch 和数理逻辑学家 Pitts 就合作提出了关于神经网络的数学模型，即 M-P 神经网络模型。该模型给出了神经元的形式化数学描述和网络结构的描述方法，从此开创了人工神经网络研究的新时代。

　　从 M-P 模型开始，人们就用逻辑的数学工具研究神经网络对客观世界的表述，而且人工神经网络具有学习功能。1944 年心理学家 Hebb 提出了神经元之间连接强度可变的假设，认为神经元之间连接强度随着神经元的活动而变化。这一假设现在称为 Hebb 学习规则，至今在一些人工神经网络的模型中依然发挥重要作用。1958 年 Rosenblatt 首先提出了感知器（Perception）的概念，用以模拟动物或人脑的感知和学习能力。感知器的学习过程是改变神经元之间的连接强度，适用于模式识别、联想记忆等人们感兴趣的实用技术。感知器模型包含了现代神经计算机的基本原理，在结构上也大体符合神经生理学知识。1982 年美国加州工学院物理学家 Hopfield 进行了开创性的工作，使用了计算能量函数解决了离散人工神经网络的建造问题。1984 年 Hopfield 提出了连续状态的神经网络模型，该模型可由电路实现。Hopfield 的研究成果奠定了他在人工神经网络研究中的地位。1985 年 D. H. Ackley，G. E. Hinton 和 T. J. Sejnowski 借用了统计物理的方法提出了波尔兹曼机器学习算法，可以认为波尔兹曼机器学习是在 Hopfield 人工神经网络基础上引入了随机变量。1986 年，D. E. Rumelhart、G. E. Hinton 和 R. J. Williams 提出了多层网络的误差反传播算法，这一算法解决了多年来人们未曾解决的多层神经网络学习算法，表明人工神经网络的计算能力具有很宽的应用范围。

　　20 世纪 80 年代人工神经网络引起了世界各国科学家、企业家的巨大热情，特别是科技发达国家纷纷成立研究小组、实验室，组织实施重大科研项目。为了交流人工神经网络研究的成果，推动向深层次发展，1986 年 4 月美国物理学会在 Snewbirds 召开了国际神经网络会议，1987 年 6 月 IEEE 在 San Diego 神经网络会刊问世。自 1988 年起除了国际神经网络学会和 IEEE 一年召开一次的国际学术年会外，多种学术讨论会上都设有人工神经网络的论坛专题。近些年来，许多科学家提出了许多种具备不同的信息处理能力的神经网络模型。神经网络也被应用到了许多信息处理领域，如系统辨识、模式识别、信号处理、图像处理、故障诊断以及智能控制等等。神经计算机的研究也为神经网络的理论研究和应用研究提供了强有力的支持，各大学、研究团体和公司开发了许多神经网络模拟软件包、各种型号的电子神经计算机以及许多神经网络芯片。神经网络的各项研究取得了长足的进展。

1.2.3.2 ART 神经网络概述

自 McCulloch 和 Pitts 首次提出人工神经元的概念后，经过许多学者的研究，产生了各种各样的神经网络模型，如 BP 网络、反馈网络、径向基网络、自组织映射网络、小波网络、模糊神经网络等。这些神经网络结构各异，功能也各不相同，适用于不同的场合。但是，很多人工神经网络在学习新的模式时，都会改变已经训练好的权值。因此，一个完全训练好的网络在学习一个新的模式时，可能会严重破坏已有的联结强度，导致不得不重新训练网络的全部联结矩阵。这和人脑的记忆方式完全不同。人脑在存入新的记忆时，并不丢失也不会改变原有的记忆。鉴于以往神经网络的这一缺陷，美国 Boston 大学的 Stephen Grossberg 在研究人类认知过程中，提出了一种能对任意复杂的环境输入模式实现自稳定和自组织识别的网络系统即自适应共振网络（ART, Adaptive Resonance Theory）。该网络具有在学习新的模式时不破坏已存储的模式的优点，这和人脑的记忆功能相类似。ART 神经网络是一种以自适应共振理论为基础的无教师、矢量聚类和竞争学习的反馈人工神经网络，它成功地解决了神经网络学习中稳定性和可塑性的关系问题，适用于复杂系统的分类[123~128]。

当人们处于一个复杂的环境中，经过一段时间的学习，学会了一些模式，这时如果再输入一个新的对象，通过搜索可以很快发现它与已学会的某一模式充分相似，于是把它归入该模式类，也就是说希望识别系统有一定的稳定性。同时当输入对象与已学过的模式不相似时又能把它作为一种新的模式来处理，即希望系统有一定的可塑性（灵活性），以便能接受新事物。ART 将竞争学习模型嵌入一个自调节控制机构，使得当输入充分类似于某一已存模式时，系统才接受它，而出现不够类似时又能作为新的类别来处理。判断新模型是否与已有模型相似由一个警戒参数 $\rho(0<\rho<1)$ 来确定。如果 ρ 较大，则相似性条件比较严格，从而形成许多有区别的细微的类别；ρ 较小则会得到一种较粗糙的分类。ρ 可在学习阶段调整，增大 ρ 可以对已存储的模式作进一步分类。很多学者对 ART 网络的调整改进进行了研究[129~136]，如吕秀江、赵研在调整子系统的基础上增加幅度限定子系统，将幅度检验条件和相位检验条件结合在一起，从而提高系统分类能力；艾娇燕、朱学锋提取幅度信息，并送到相应的中间模式和警戒测试部分，并引入三个辅助函数共同计算输入模式与存储模式的相似度；顾民、葛良将输入模式与现有的模板中心的距离引入了匹配度检验阶段及权值修改中，有效地改善了模式漂移现象；徐艺萍、邓辉文、李阳旭按照同一类中的数据点到其聚类中心的距离之和越小（即类内偏差越小），聚类效果越好的原则设计了特征表示场和类别表示场之间的权值修正；杨尔辅、张振鹏、刘国球等构造了一个双层 BP-ART 网络，第一层为多个 BP 网络，第二层为 ART 诊断网络；景敏卿、张晓丽采用 ART 网络为主，诊断柴油机故障并识别新故障，以并行 BP 网络为辅，识别并发故障，都取得了良好的效果。

ART 神经网络有 ART1、ART2、ART3 三种模型。ART1 模型用于处理二进制输入矢量，ART2 用于处理连续信号矢量，ART3 是分级搜索模型。ART 网络具有以下特点：

（1）在学习新的模式时不会破坏已存储的模式。对已学习过的对象具有稳定的快速识别能力，同时又能迅速适应未学习过的新对象。

（2）ART 网络的学习不需要样本，它可以自动地向环境学习，不断地自动修正网络结构参数，进行无监督的学习，因此又称 ART 网络为自组织网络。

（3）具有相当好的稳定性，而且不会被大量的任意输入所干扰，能适应非平稳的环境。

（4）当系统对环境做出错误反应时，可通过提高系统的"警觉性"，迅速识别新的对象。

（5）ART 结构很容易与其他分层认知理论结合起来。它考虑到了来自 ART 网络外围的其他子系统诸如注意子系统、预测子系统或取向子系统对特性和分类层的影响。

在故障诊断领域中，BP 神经网络对于新增故障模式缺乏有效的识别，ART2 自适应共振网络能有效增加新的故障模式，但当输入量太多时耗费时间太长，而通过 BP 神经网络非线性映射精简输入特征量，可以有效地减少输入特征量。作者综合 BP 神经网络与 ART2 自适应共振网络二者优点，研究改进型 BP-ART2 神经网络故障诊断，在 ART2 结构的输入层增加隐层，通过非线性映射，降低输入特征的维数，从而提高 ART2 神经网络的诊断效率。

1.2.4 盲源分离故障诊断

盲源分离（Blind Source Separation）是在源信号和传输通道的参数未知的情况下，根据源信号的统计特性，仅由观测信号恢复出源信号的过程。盲信号分离技术是随着数字通信等技术的发展而在信号处理领域兴起的一个新的研究方向。盲信号分离技术对源信号以及传输过程不需要先验知识，因此在数字信号处理领域显示出广泛的应用前景。盲信号分离研究历史上最经典的例子莫过于"鸡尾酒会"问题。在一个有很多人参与的鸡尾酒会上，人们纷纷谈论各自感兴趣的话题，众人说话的声音在空间中传播，并且和其他背景噪声混合在一起。相应的问题就是如何在这样一个嘈杂的环境中把个人说话的语音从其他的声音中加以区分并提取感兴趣的语音部分。

盲源分离在 20 世纪 80 年代被提出。1986 年，Herault 和 Jutten 在美国举行的以神经网络为主题的国际会议上，提出了一种反馈神经网络模型和一种基于 Hebb 学习规则的学习算法，在线性混合信道和源信号本身未知的情况下，仅仅应用混合信号实现了两个独立源信号的分离，由此开创了盲源分离领域。1989 年，Giannakis 等人提出了盲源分离的可辨识性问题，同时将三阶统计量引入盲源信号分离，同年，Likner 提出了基于信息论的无监督学习算法，使神经网络的输入和输出之间的互信息最大化。1993 年 Cardoso 等人提出了一类基于高阶统计量的联合对角化盲分离方法。1994 年 Comon 最先定义了独立分量分析（Independent component Analysis），证明以 Kullback-Leiber

散度表征的分离系统的输出之间的互信息是盲信号分离的对比函数，并以 Edgeworth 展开来近似信号的概率密度函数，提出了一种近似最小化输出互信息的代价函数，避免了对非线性函数的估计。Bell 和 Sejnowski 利用前向网络结构和信息传输最大化原理，提出了 Informax 算法，指出了最佳的非线性函数与源信号的概率密度函数之间的关系，该算法能够实现超高斯分布的信号盲分离，引起了神经网络界学者的广泛关注。Cichocki 等人通过对已有梯度算法中的梯度右乘一个正定矩阵提出了一种简单稳健的在线盲信号分离算法，采用右乘正定矩阵取代了矩阵求逆运算，大大减少了运算工作量。后来，Amari 从信息几何的角度诠释了该算法的工作原理，并明确了自然梯度的概念，提出了盲信号分离的自然梯度算法。Cardoso 等人提出了相对变化、相对变化率等概念，进而推导出相对梯度，提出了基于相对梯度的盲信号分离算法。在现实中，大多数信号都是非平稳信号。1994 年 Nadal 和 Parga 指出，在低噪声情况下，若神经网络输出的概率分布是可连乘的，则输入和输出之间的互信息最大。1995 年，Kiyotoshi Matsaolka 提出用于分离非平稳信号的算法，从而把盲信号分离的研究工作向实际应用推进了一大步。Cardoso 和 Laheld 在此基础上作了进一步的改进，为避免矩阵求逆，提出了相对梯度算法。这种自适应方法在运用神经网络处理器方面要比 Comon 提出的基于高阶累量的代价函数更合理[137~148]。

近年来，盲源分离问题的研究也受到国内学者的关注。例如，何振亚、杨绿溪等提出的一类基于多变量密度估计的盲源分离方法，将盲分离问题转化为对密度函数的估计；张贤达、保铮分析了盲分离关键问题；冯大政、张贤达和保铮提出基于分阶段学习的盲源分离算法；岳博、焦李成提出一种新的联合对角化算法；等等[149~152]。

在实际应用中，源信号个数往往是未知的，甚至是随时间动态变化的，所以研究源信号个数未知或随时间动态变化的盲信号分离研究更具有现实意义。盲分离的超定问题，指源个数小于观测信号的个数，最直接的解决方法是利用 PCA 压缩技术，对数据进行预处理，使得压缩后的观测信号个数与源信号个数相同，然后再采用 ICA/BSS

算法实现盲分离。源信号个数已知的超定盲信号分离问题的研究最早是由 Zhang、Amari 和 Choi 等人发起的。Zhang 等人从李群（Lie Group）和 Stiefel 流形出发，提出了一种超定盲信号分离的对比函数，并推导了相应的自然梯度算法。2004 年朱孝龙、张贤达等人从奇异值分解出发，推导出了同样的超定盲信号分离算法。Cichocki 等人最早研究了源信号个数未知的超定盲信号分离，大量仿真试验验证了分离矩阵采用方阵且将自然梯度直接推广到源信号个数未知的超定盲信号分离时，在算法的收敛阶段，输出由希望的源信号的拷贝和冗余信号构成[153~157]。盲分离的欠定问题是盲分离问题的一个极具挑战性的问题，近年来，学者们对此做了很多研究。Zibulevsky 提出用最大后验估计来估计混合矩阵和源信号。Yilmaz 在 DUTE 算法的基础上，提出利用时频掩码（Time-Frequency Masking）从单个混合语音信号中分离多个源信号，但假设各源信号在时频域不重叠。解决欠定问题的另一类方法是利用数据沿混合矩阵列方向集中，源为稀疏分布，将盲分离问题转化为聚类问题[158~164]。随着人们对于盲源分离研究的广泛和深入，盲信号分离已用于生物医学信号、阵列信号处理、通讯信号、语音信号处理以及雷达、图像处理、机械故障诊断等领域[165~167]。

作者在分析了盲源分离基本理论的基础上，研究了基于数据层的盲源分离故障诊断算法，引入了拓展四阶累积量矩阵对机械故障诊断的动态故障源数估计方法，并研究了根据故障源数与传感器数目的关系（正定、超定、欠定）选择相应求解算法，进行自适应盲源分离故障诊断。

1.2.5 故障诊断专家系统

故障诊断专家系统是将故障诊断方面多位专家具有的知识、经验和推理综合后编制成的大型计算机程序，利用计算机系统帮助人们分析解决只能用语言描述、思维推理的复杂问题，使计算机系统具有思维能力，并应用推理方式提供决策建议。专家系统可以汇集众多专家的知识，进行分析、比较、推理，最终得出正确的结论，现场技术人员可以充分利用各种信息和征兆，在计算机系统的帮助下有效地解决工程实际问题。长期以来，在航空、航天、电力、机械、化工、船舶等许多领域，故障诊断技术与专家系统相结合，更好地发挥故障诊断与专家知识的优越性，使系统的安全性与可靠性得到保证。

1956 年人们开始研究人工智能问题。20 世纪 60 年代初，研究者主要是开发通用方法和技术，通过研究通用方法来改变知识的表示和搜索，并建立专用程序。1960 年 J. McCarthy 研制的表处理语言 LISP，可以方便地进行符号处理，使计算机可以模拟人类思维。20 世纪 60 年代中期，产生了以专门知识为核心，求解具体问题的基于知识的专家系统，从而奠定了专家系统基础。

1968 年斯坦福大学的 Lederberger、Shortliffe、Buchanam、Feigenbaum 等人，研究了用于解释分子结构的 DENDRAL 专家系统。这一系统的研究成功标志着专家系统的诞生。自此，各国高度重视诊断专家系统的研究，各行业陆续开发出了一些诊断专家系统，如 20 世纪 60 年代末，麻省理工学院研制的数学专家系统 MACSYMA，1971 年卡内基-梅隆大学开发的语言识别专家系统 HEARSY。20 世纪 70 年代专家系统的观点逐渐被人们广泛接受，先后出现了一批卓有成效的专家系统，涉及医疗、自然语言处理、数学、地质等多个应用领域，比较典型的系统有 MYCIN、CASNET、HEARSAY、PROSPECTOR 等。在这些系统中，有关专家系统的主要技术，如人机接口、解释功能、自学能力、不精确推理技术以及元知识的概念等，得到了研究和应用，标志着专家系统技术已基本成熟[168~173]。

20 世纪 80 年代以来，专家系统的发展最明显的特点是大量出现投入商业化运行的专家系统，并为各行业产生了显著的经济效应。例如，DEC 公司与卡内基-梅隆大学合作开发的 XCON-Rl 专家系统，这一系统为 DEC 公司用于计算机系统的配置，它每年为 DEC 公司节省 1500 万美元；Bell 实验室于 1983 年开发的 ACE（用于电话电缆故障诊断与维护）系统、EGG 公司于 1982 年开发的 REACTOR（用于核反应堆故障诊断与处理）系统；1985 年 Regenie 等人研制的飞行器控制系统监视器（EEFSM）；1987 年 Malin 研制的汽车故障诊断系统（FIXER）以及美国宇航局 Langley 研究中心研制的飞行器故障诊断专家系统（Fault-finder）等都已达到实际应用水平。

20 世纪 80 年代以来，我国不少科研院所先后开展了故障诊断专家系统的研究工作，并取得了一定的研究成果，有一些系统已投入了实际运行。如华中科技大学设计的基于知识的汽车发动机的诊断专家系统，运用了深层和浅层知识，进行功能、症状和特性的三种分析法，较成功地对一复杂系统进行故障诊断；解放军军械工程学院在军械装备故障诊断专家系统的设计中，采用规则、语义网络、框架等多种知识表示形式，在浅层推理失败后，可进行基于军械装备物理功能模型的深层推理。

专家系统自开发以来一直是故障诊断中的重要方法。现有的旋转机械故障诊断系统开发了针对单个领域的专家诊断系统，如转子故障诊断系统、动平衡诊断系统、交流电动机故障诊断系统等。作者从多专家协同诊断角度针对排烟风机转子故障诊断、电气故障诊断以及机电耦合故障诊断等各种诊断方法，研究了排烟风机转子故障诊断与电气故障诊断相结合的机电信息融合综合故障诊断，设计了综合时频融合、机电融合的黑板型多专家机电信息融合故障诊断算法。

1.3 本书的研究意义与应用前景

工业生产和科学技术的发展以及设备的大型化、连续化、高速化和自动化，对设备的可靠性、可用性、维修性、经济性与安全性要求提到了一个新的高度。大型排烟风机作为大型关键设备广泛应用于冶金、建材、化工、钢铁、电力等生产行业的关键生产流程中，在工业生产中占有非常重要的地位。其技术性能和运行情况，在很大程度上决定着企业的正常生产、产品质量和经济效益。对排烟风机进行实时监测与故障诊断在保证生产的正常进行、避免突发事故对生产造成严重损害、提高经济效益等方面有重要意义。

排烟风机由于应用环境恶劣，现场噪声干扰大，对故障诊断带来了很大的困难，导致故障诊断出现误诊。因此，提高信号处理性能，采用信息融合技术综合多传感器信息以及多诊断方法，融合不同层次和角度的故障信息，可以得出更加精确的故障诊断结论。本书拟运用信息融合理论、提升小波信号处理方法、盲源分离故障诊断理论、ART 自适应共振网络故障诊断、多专家协同诊断理论等先进理论和算法，对排烟风机监测信息进行信号处理，并对多传感器信息在多层结构上进行多诊断方法的信息融合：在数据层采用自适应盲源分离算法分离出故障源实现故障诊断；在特征层对每个传感器采用改进型ART神经网络诊断方法进行多参数故障诊断，采用黑板型多专家机电融合诊断方法进行多专家时频融合、机电融合综合诊断；在决策层采用多传感器加权激励融合诊断对多传感器进行诊断，并对各局部融合诊断结果采用D-S证据理论进行决策融合。在理论研究的基础上，开发排烟风机运行状态监测与故障诊断系统微机集中监测与DSP分布式网络化监测系统。

综上所述，本书以排烟风机为研究对象，开展信号处理、信息融合、多专家故障诊断以及系统开发等方面的理论与技术研究。本书的研究内容是项目合作企业提高经济效益和实现现代设备管理亟待解决的关键问题，有着明确的工程背景，其理论研究成果与系统实现方法可推广到其他大型旋转设备，如压缩机、通风机等。因此，研究成果有着很好的应用前景，可望带来显著的经济效益。

1.4 本书的主要内容与结构安排

本书以排烟风机运行状态多传感器监测信号的信号处理与故障诊断为目标，以《排烟风机信息融合故障诊断方法与系统研究》为选题，主要包括如下六个方面的研究内容（见图1-4）。

（1）第2章：主要研究了信息融合理论的提升小波信号预处理方法，分析了小波去噪阈值函数并设计了一种改进型阈值函数，设计了适应信号局部突变特征的自适应平滑递变提升小波函数，研究了基于信号局部特征的自适应提升小波信号去噪方法。

（2）第3章：主要研究了信息融合理论在数据融合层的自适应盲源分离算法，在机械故障诊断的动态故障源数估计中引入了拓展四阶累积量矩阵的盲源分离源数估计算法，并研究了根据故障源数与传感器数目的关系（正定、超定、欠定）选择相应求解算法的自适应盲源分离故障诊断方法。

（3）第4章：主要研究了信息融合理论在特征融合层的改进型BP-ART2神经网络故障诊断方法，综合BP神经网络与ART2自适应

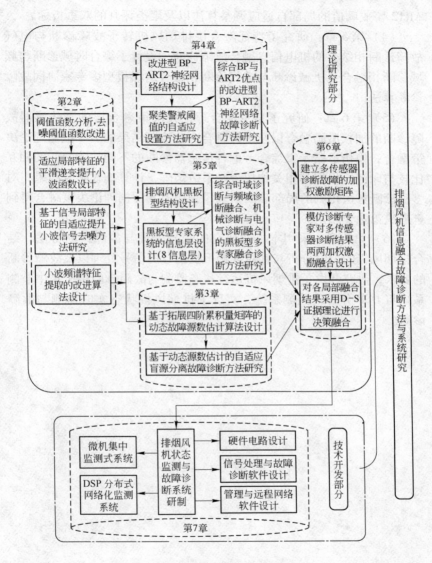

图 1-4 本书整体结构与研究方案

共振网络二者的优点，在 ART2 结构中引入非线性映射隐层，研究了改进型 BP-ART2 神经网络故障诊断方法，并在故障聚类中，提出了

ART2 警戒阈值的局部自适应调整算法以及聚类评判的双重指标。

（4）第 5 章：研究了特征融合层排烟风机转子故障诊断与电气故障诊断相结合的机电信息融合故障诊断，设计了综合时域诊断与频域诊断相融合、机械诊断与电气诊断相融合的黑板型多专家协同故障诊断算法。

（5）第 6 章：研究了信息融合理论在决策融合层的多传感器故障诊断的加权激励融合以及多种融合方法诊断结果的 D-S 证据理论决策融合；模仿诊断专家综合考虑各传感器诊断的不同故障之间的相互比较与印证，根据其相关加权激励系数矩阵，计算加权融合结果；对多种诊断方法得到的局部诊断结果，采用 D-S 证据理论决策融合得到全局决策融合结论。

（6）第 7 章：采用本书所研究的信号处理与故障诊断方法，结合排烟风机的力学分析与针对现场干扰信号的信号处理以及故障诊断的要求，研究开发了排烟风机运行状态监测与故障诊断微机集中监测系统与 DSP 分布式监测系统，实现了排烟风机状态实时监测与故障诊断。

2 自适应提升小波信号处理方法研究

2.1 排烟风机信号预处理问题的提出

排烟风机由于运行环境恶劣，传感器检测的信号常常伴有各种干扰噪声，如周围大型设备振动所带来的冲击干扰、大型设备运行所带来的电磁谐波以及电网造成的强电磁干扰等。其噪声有低频干扰、高频干扰、电磁杂波干扰、冲击脉冲干扰等。在信号处理方法上，通常采取硬件与软件相结合的信号处理方法。在硬件电路上通常设计高通滤波器、低通滤波器，对加速度振动信号通常还设计了抗混滤波电路；在软件算法上通常设计软件滤波器，如巴特沃兹滤波器、切比雪夫滤波器、椭圆滤波器等。除了采用滤波器算法以外，通常还会采用其他信号处理算法，如傅里叶变换、小波信号去噪算法以及提升小波信号去噪算法等。

傅里叶变换（FFT）采用平稳的正弦函数作为基函数（$e^{-j2\pi ft}$）去分解信号 $x(t)$，得到其频谱 $X(f)$。但傅里叶变换所反映的是整个信号在全部时间域的整体频域特征，不能提供任何局部时间段上的频率信息。为了研究信号在局部时间范围的频域特征，1946年 Gabor 提出了著名的 Gabor 变换，之后又进一步发展为短时傅里叶变换（STFT）。但由于 STFT 的窗函数的大小和形状均与时间和频率无关而保持固定不变，这对于分析时变信号来说是不利的。

小波分析是自 1986 年以来由 Meyer、Mallat 和 Daubechies 等人迅速发展起来的一门新兴技术[65~81]。同传统的傅里叶变换相比，小波变换具有多分辨率分析的特点，在时频域内具有表征信号局部特征的能力，其时间-频率窗在高频率时自动变窄，在低频时自动变宽。在实际应用中，第一代小波有许多优点，但也存在局限性：卷积计算复杂，运算速度慢，对内存的需求量较大，不适用于实时处理；信号经过传统小波变换后产生的是浮点数，由于计算机有限字长的影响，往往不能精确的重构原始信号；且传统的第一代小波变换是在欧氏空间内通过基函数的平移和伸缩构造小波基，不适合非欧氏空间的应用。因此不依赖傅里叶变换的第二代小波变换——提升小波算法（Lifting Scheme）应运而生。

1994 年，W. Sweldens 提出一种不依赖于傅里叶变换的小波构造方法——提升方法，该算法自提出以来在信号处理领域得到了广泛的应用。提升方法既能保持原有的小波特性，又能克服平移伸缩不变性所带来的局限，是一种基于 Mallat 算法思想而比 Mallat 算法更为有效的算法。Daubechies 证明，凡是用 Mallat 算法实现的小波变换都可采用提升格式来实现。提升的实现形式给出了小波完全的空间域解释，它具有许多优点：结构简单、运算量低、原位运算、节省存储空间、逆变换可以直接反转实现，以及便于实现可逆的整数到整数变换。

由于提升小波信号预处理保持了小波信号处理的特点，而且是基于时域的线性变换，因而，具有更快的运算速度和更少的运算量，并且可以根据信号特点构造相应的提升小波函数，比较适合在恶劣环境下运行的大型排烟风机检测信号的预处理。

2.2　小波去噪阈值函数设计

2.2.1　现有阈值函数分析

在小波去噪算法研究中，阈值函数的性能直接影响去噪效果。在阈值函数的设计中 Donoho 提出了经典的硬阈值函数与软阈值函数[85]，其后，许多学者在此基础上进行了进一步的研究和改进[107~112]。

设 $w_{j,k}$ 为原始小波系数，$\hat{w}_{j,k}$ 为估计小波系数，T 为阈值，则其阈值函数的表达式为：

硬阈值函数　　　$$\hat{w}_{j,k} = \begin{cases} w_{j,k}, \, |w_{j,k}| \geqslant T \\ 0, \, |w_{j,k}| < T \end{cases} \tag{2-1}$$

软阈值函数 $\quad \hat{w}_{j,k} = \begin{cases} \mathrm{sgn}(w_{j,k})(\,|w_{j,k}| - T)\,,\ |w_{j,k}| \geqslant T \\ 0\,,\ |w_{j,k}| < T \end{cases}$ （2-2）

式中，$\mathrm{sgn}(\cdot)$ 为符号函数。

硬阈值和软阈值方法应用广泛，也取得了较好的效果，但该方法本身存在一些潜在的缺陷。在硬阈值方法中，$\hat{w}_{j,k}$ 在 T 和 $-T$ 处是不连续的，利用 $\hat{w}_{j,k}$ 重构所得的信号可能会出现振铃、伪吉布斯（pseudo-Gibbs）效应等造成失真。软阈值方法估计出来的 $\hat{w}_{j,k}$ 虽然整体连续性好，去噪效果相对平滑，但是当 $w_{j,k} \geqslant T$ 时，$\hat{w}_{j,k}$ 与 $w_{j,k}$ 总存在恒定的偏差，直接影响重构信号与真实信号的逼近程度，势必会给重构信号带来不可避免的误差。此外，软阈值函数的导数不连续，而在实际应用中经常要对一阶导数甚至是高阶导数进行处理。因此，许多学者研究了软、硬阈值函数改进算法，以改善阈值函数的连续性与高阶可导性。

一些学者对软阈值函数进行了改进，使其具有更高阶导数，其表达式如下：

$$\hat{w}_{j,k} = \begin{cases} \mathrm{sgn}(w_{j,k})\left(\,|w_{j,k}| - \dfrac{\alpha T}{1 + (\,|w_{j,k}| - T)}\right),\ |w_{j,k}| \geqslant T \\ 0\,,\ |w_{j,k}| < T \end{cases}$$ （2-3）

式中，$0 \leqslant \alpha \leqslant 1$。

2.2.2　本书设计的改进阈值函数

由于指数函数在阈值附近具有更快衰减速率和更平滑的连续性，因此，本书在借鉴其他学者研究成果的基础上，提出了带指数项和调节参数的阈值函数。

$$\hat{w}_{j,k} = \begin{cases} \mathrm{sgn}(w_{j,k})\left(\,|w_{j,k}| - \dfrac{\alpha T}{1 + \exp(\,|w_{j,k}| - T)}\right),\ |w_{j,k}| \geqslant T \\ 0\,,\ |w_{j,k}| < T \end{cases}$$ （2-4）

式中，$0 \leqslant \alpha \leqslant 2$。

各阈值函数如图 2-1 所示。可以看出，本书设计的改进阈值函数的最大特点是拥有更高的导数阶，在阈值附近存在一个平滑过渡区，更符合自然信号的连续特性，故其重构信号更为平滑。

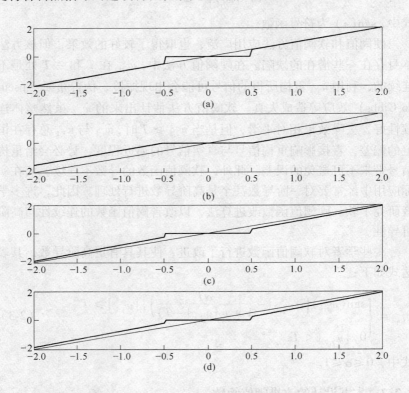

图 2-1   阈值函数波形
（a）硬阈值函数；（b）软阈值函数；（c）改进
阈值函数；（d）本书改进阈值函数

2.2.3   阈值函数去噪性能比较

对含噪 Heavysine 信号，在其他条件相同的情况下分别采用硬阈值函数、软阈值函数、一些学者改进的阈值函数以及本书设计的改进阈值函数进行去噪处理，其去噪结果如图 2-2 所示。表 2-1、表2-2为采用各种阈值函数去噪的几种去噪性能指标的比较。

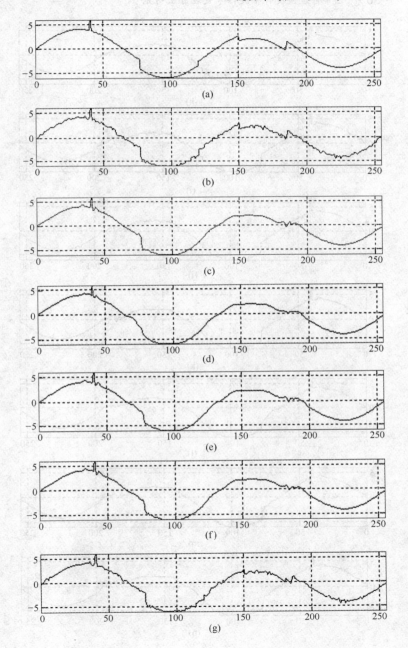

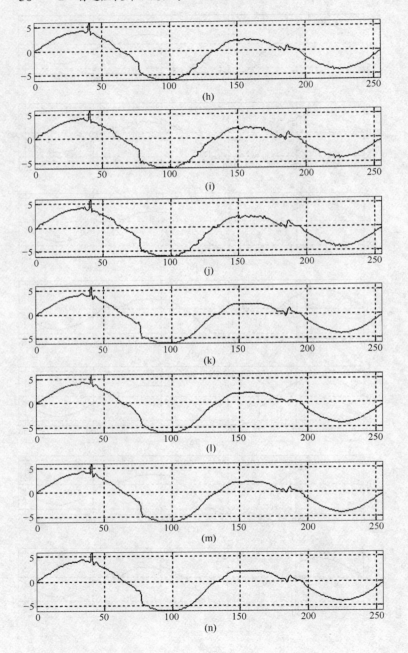

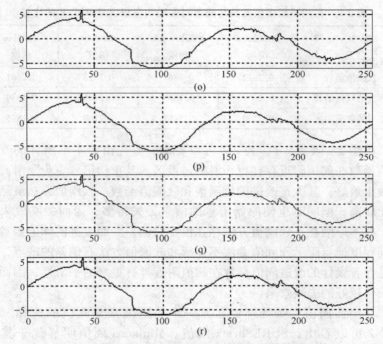

图 2-2 不同阈值函数与阈值对信号去噪性能的比较

（a）heavysine 信号；（b）叠加噪声的 heavysine 信号；（c）硬阈值函数和 VisuShrink

去噪；（d）软阈值函数和 VisuShrink 去噪；（e）改进阈值函数和 VisuShrink 去噪；

（f）本文阈值函数和 VisuShrink 去噪；（g）硬阈值函数和 SUREShrink 去噪；

（h）软阈值函数和 SUREShrink 去噪；（i）改进和 SUREShrink 去噪；

（j）本文阈值函数和 SUREShrink 去噪；（k）硬阈值函数和 HeurSURE；

（l）软阈值函数和 HeurSURE 去噪；（m）改进阈值函数和 HeurSURE 去噪；

（n）本书阈值函数和 HeurSURE 去噪；（o）硬阈值函数和 MiniMaxi 去噪；

（p）软阈值函数和 MiniMaxi 去噪；（q）改进阈值函数和 MiniMaxi 去噪；

（r）本书阈值函数和 MiniMaxi 去噪

表 2-1 采用不同阈值函数与阈值对去噪信噪比 SNR 的比较

SNR　阈值 阈值函数	VisuShrink 阈值	SUREShrink 阈值	HeurSure 阈值	MiniMaxi 阈值
软阈值函数	21.3562	24.4340	21.7576	22.9875
改进的阈值函数	22.4914	26.2245	22.9682	24.4922
本书的阈值函数	22.9875	26.3469	23.0348	24.5820

表 2-2　采用不同阈值函数与阈值对去噪均方根误差 RMSE 的比较

RMSE　　　　阈值 阈值函数	VisuShrink 阈值	SUREShrink 阈值	HeurSure 阈值	MiniMaxi 阈值
软阈值函数	0.2632	0.1847	0.2513	0.2181
改进的阈值函数	0.2309	0.1503	0.2186	0.1834
本书的阈值函数	0.2290	0.1482	0.2169	0.1815

由图 2-2 及表 2-1、表 2-2 可以看出，首先由于本书设计的改进阈值函数在阈值附近存在更平滑的过渡区，其重构信号更为平滑，去噪效果最好；其次是改进阈值函数和软阈值函数。软阈值方法虽然信噪比较高，但同时也使原始信号的信息丢失得多，因而去噪效果一般，根本原因在于软阈值方法存在恒定的偏差。而改进的阈值函数都不同程度地克服了硬阈值方法不连续和软阈值方法有偏差的缺点，特别是作者设计的改进阈值函数在阈值附近具有更好的平滑性，因而可以获得较好的去噪效果。

在小波阈值去噪处理中，另一个关键因素是阈值的选择。从表 2-2 可以看出，SUREShrink 阈值、Minimaxi 阈值明显优于其他两种阈值选取规则。这是因为 SUREShrink 和 Minimaxi 阈值选择规则较为保守（仅将部分系数置为 0），因此当信号的高频信息有很少一部分在噪声范围内时，可以将弱小的信号提取出来，因此，在进行去噪时采用本书设计的阈值函数和 SUREShrink 阈值算法。

2.3　提升小波自适应去噪算法研究

由于正交性、紧支撑性、消失矩、正则性和对称性等性质的不同，小波函数的选择会对降噪效果产生一定影响。因此降噪的第一步就是选择合适的小波函数，选择最优小波函数以产生最多的接近零的小波系数。如果信号 f 是正则的且小波函数具有足够的消失矩，那么小尺度上的大部分小波系数就很小，而实际的信号不可能是完全正则的，通常存在少数奇异点。为了使高幅值的小波系数的数目最少，必须减小小波函数的支集长度。因此在选择具体的小波时，面临着消失矩阶数和支集长度之间的权衡问题。如果 f 的孤立奇异点极少且 f 在奇异点之间非常光滑，那么选择有高阶消失矩的小波以产生最多的接近零的小波系数；如果奇异点的密度较大，则应该以降低消失矩阶数为代价来减小支集长度。因此，在应用小波变换对信号进行降噪处理时，要根据小波函数的性质和具体信号的特征选择合适的小波函数。

2.3.1 信号局部特征的时域估计方法设计

在排烟风机系统中，轴承故障、转子碰摩等对转子会产生冲击与摩擦，导致系统刚度改变，从而引起不稳定振动及非线性振动。转子的局部碰摩除了摩擦作用外还会产生冲击作用，其直观效应是给转子施加一个瞬态激振力，激发转子以固有频率作自由振动，在每个旋转周期内都产生冲击激励作用，在一定条件下有可能使转子振动成为叠加自由振动的复杂振动，采用传统的信号处理方法，难以从动态信号中提取时域故障特征。因此，对不同特征的信号需采用不同的小波函数来分别提取信号特征。

在小波分析中，小波系数的大小反映了小波与信号的相似程度。对信号作小波变换处理，最重要的是要寻找适当的小波函数，这直接关系到信号处理效果的好坏以及特征信号提取的成败，进而影响故障诊断的效果。许多学者在小波函数的最佳选择方面做了很多的研究。然而，基于信号局部特征选择不同的小波函数的研究很少有人涉及，因此，本文针对信号局部特征自适应研究小波函数的选择，并提出在不同提升小波分析的信号段自适应选择不同的滤波阈值进行提升小波信号处理。

信号局部特征主要是平滑性与奇异性的程度，其描述指标为信号奇异性的 Lipschitz 指标，其计算方法有小波分析法和分形分析法。在本章中，需要预先了解信号的局部特征，根据其局部特征，自适应地选择小波函数对不同特征段的信号进行信号处理，因此，设计了直接在时域中估计信号的局部特性。

信号局部特征时域估计算法：计算信号幅值微分的变化量来判断幅值的连续性，其变化量的大小表示信号的平滑性，在不同平滑程度的信号段选择不同的小波函数，并根据仿真实验设定微分增量阈值 δ 为幅值平均变化量的 10%，超过阈值则发生突变，变化量越大，突变性越强。

图 2-3(a) 信号为 Heavysine 信号与冲击信号、宽脉冲信号的叠加，图 2-3(b) 为信号幅值微分增量，在时域对信号局部特征进行了准确的描述。

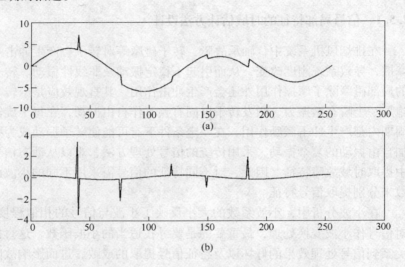

图 2-3   信号时域局部特征描述

(a) Heavysine 信号；(b) 信号微分增量

2.3.2   基于信号局部特征的小波函数选择

2.3.2.1   提升小波的插值细分原理

在第二代小波变换的框架下，使小波函数的消失矩满足一定的要求，可采用插值细分原理设计 $P(\cdot)$ 和 $U(\cdot)$，从而获得双正交的小波函数和尺度函数，且具有良好的紧支性和线性相位，将这种小波记为 $(M,\tilde{M})$，其中 M 为预测时采用 $X_e(k)$ 的个数，$\tilde{M}$ 为更新时采用 $d(k)$ 的个数。基于插值细分原理构造的尺度函数和小波函数是对称的、紧支撑的，并且具有冲击衰减的形状。当 M 和 $\tilde{M}$ 较小时，尺度函数和小波函数的支撑区间较小；反之，支撑区间较大，且具有较好连续性。在理论上，小波变换可以看作是在每一个变换尺度上的逼近信号与小波函数进行一系列相关运算，当信号特征与小波特性相似时，会得到较大的小波系数。一般地，支撑区间较小的小波函数适合于处理非平稳信号，小波系数能够有效地描述信号的断点、冲击以及瞬态分量，而支撑区间大且连续性较好的小波适合于描述稳态信号。

插值细分方法是构造第二代小波变换的常用方法，其基本原理为：在分解和重构过程中，在预测阶段采用 M 个偶样本（$M = 2D$，D 为整数）根据插值原理估计奇样本；在变换过程中所有的插值估计运算服从一个唯一的 $M - 1$ 阶多项式，多项式的系数为预测系数，M 为对偶消失矩数目，其取值与细节信号有关，决定着插值多项式函数的平滑性。

使用相邻的 M 个偶样本，即 $x_e(i - D + 1), x_e(i - D), \cdots,$ $x_e(i), \cdots, x_e(i + D)$，根据插值原理估计 i 时刻的 $x_o(i)$，则细节信号

$$d(i) = x_o(i) - [p_1 x_e(i - D + 1) + p_2 x_e(i - D) +$$

$$\cdots + p_m x_e(i + D)] \tag{2-5}$$

$$\boldsymbol{P} = [p_1, p_2, \cdots, p_m] \tag{2-6}$$

$$\phi(i) = [x_e(i - D + 1), \cdots, x_e(i), \cdots, x_e(i + D)] \tag{2-7}$$

得到：
$$d(i) = x_o(i) - P\phi(i)$$

为了有效地提取分析信号的特征，使 $\boldsymbol{P}$ 的选择能够反映信号的结构，从而使小波函数更有效地表示分析信号，将最优估计方法引入 $\boldsymbol{P}$ 的设计，以期获得一组最优的预测系数。

设 i 时刻的估计偏差 $e(i) = d(i)$，则 $\boldsymbol{e} = \{e(i), i = 0 \sim N/2 - 1\}$，寻找一组 $\boldsymbol{P}$ 使目标函数 $J = \boldsymbol{e}^{\mathrm{T}}\boldsymbol{e}$ 最小。

同理，通过细节信号 D_j 更新逼近信号 C_j，插值细分法采用相邻的 $\tilde{M}$（$\tilde{M} = 2F$，F 为整数）个细节信号实施更新，所对应的 $\tilde{M} - 1$ 阶多项式系数为更新系数，$\tilde{M}$ 为小波消失矩数目。基于插值算法的预测系数与提升系数见表 2-3。

表 2-3 基于插值算法的预测系数与提升系数

$(M, \tilde{M})$	预 测 系 数	更 新 参 数
$(2,2)$	$0.5, 0.5$	$0.25, 0.25$
$(2,4)$	$0.5, 0.5$	$-0.03125, 0.28125, 0.28125, -0.03125$
$(4,2)$	$-0.0625, 0.5625, 0.5625, -0.0625$	$0.25, 0.25$
$(4,4)$	$-0.0625, 0.5625, 0.5625, -0.0625$	$-0.03125, 0.28125, 0.28125, -0.03125$
$(6,4)$	$0.0117, -0.0977, 0.5859, 0.5859,$ $-0.0977, 0.0117$	$-0.03125, 0.28125, 0.28125, -0.03125$
$(8,4)$	$-0.0024, 0.0239, -0.1196, 0.5981,$ $0.5981, -0.1196, 0.0239, -0.0024$	$-0.03125, 0.28125, 0.28125, -0.03125$

通过以上分析，可得到基于插值细分法的第二代小波变换的分解和重构算法。

（1）分解算法。

Step1：$x_e(n) = x(2n)$

$x_o(n) = x(2n+1)$

Step2：$d(n) = x_o(n) - \sum_{l=-D+1}^{D} p_l x_e(n+l)$

Step3：$c(n) = x_e(n) + \sum_{m=-F+1}^{F} u_m d(n+m)$

（2）重构算法。

Step1：$x_e(n) = c(n) - \sum_{m=-F+1}^{F} u_m d(n+m)$

Step2：$x_o(n) = d(n) + \sum_{l=-D+1}^{D} p_l x_e(n+l)$

Step3：$x_e(n) = x(2n)$

$x_o(n) = x(2n+1)$

2.3.2.2 提升小波函数的选择

小波变换时，小波函数随信号的局部特征的变化而变化。信号连续性较好且连续段较长，选择消失矩 N 较大的提升小波函数；信号连续性差或者连续段较短，选择 N 较小的提升小波函数。平缓的信号选用较多的数据点作预测，采用平滑性较好、消失矩较大的提升小波函数，可以使预测值更加准确，从而使细节信号的幅值较小，其分析误差最小；而信号发生大幅度跳变时，选择消失矩较小的提升小波函数，可以避免跳变数据点参与过多的细节信号计算，这样边缘的信息将由少数几个细节信号表征出来，不会产生过多的大值小波系数，能够匹配信号的局部特征，如尖峰、突变等。

根据图 2-3 对信号局部特征的描述，选择合适的小波函数。在每一连续信号段根据信号的平滑性（即信号长度与信号微分增量均值），选择相应的提升小波函数的消失矩。

（1）在信号起始点 $A(1)$ 至突变点 B，信号长度为 38，信号微分增量均值为 0.1063，取（8，8）；

（2）在突变点 $B(39)$ 至突变点 C，信号长度为 2，微分增量均值为 3.2627，为冲击信号，取（1，1）；

（3）在突变点 $C(41)$ 至突变点 D，信号长度为 35，微分增量均值为 0.2570，取（4，4）；

（4）在突变点 $D(76)$ 至突变点 E，信号长度为 43，微分增量均值为 0.1411，取（6，6）；

（5）在突变点 $E(119)$ 至突变点 F，信号长度为 30，微分增量均值为 0.2047，取（4，4）；

（6）在突变点 $F(149)$ 至突变点 G，信号长度为 35，微分增量均值为 0.1099，取（8，8）；

（7）在突变点 $G(184)$ 至结束点 H，信号长度为 70，微分增量均值为 0.1561，取（6，6）。

2.3.3 信号突变点的平滑递变阶次提升小波函数设计

在提升小波变换时，阶跃点在奇数点或偶数点时，其预测与更新算子应该进行适当的处理，才能适用于局部特征的提升小波变换，针对突变点在奇偶位置的不同，设计相应的处理算法如下。

（1）若突变点为奇数点，即 $S_{j,2l+1}$ 为阶跃点，则

1）$S_{j,2l+1}$ 点采用无更新算子的 Haar 小波函数，其预测算子 $P(S_{j,2l+1}) = S_{j,2l}$，小波系数为 $d_{j+1,l} = S_{j,2l+1} - S_{j,2l}$，$S_{j,2l}$ 的更新算子 $U(S_{j,2l}) = 0$，尺度系数为 $S_{j+1,l} = S_{j,2l}$。

2）$S_{j,2l+3}$ 点的计算：当信号长度 $N < 4$ 时采用 Haar 小波函数，否则采用改进预测算子的（2，2）小波，其预测算子 $P(S_{j,2l+3}) = 0.5S_{j,2l+2} + 0.5S_{j,2l+4}$，小波系数为 $d_{j+1,l+1} = S_{j,2l+3} - 0.5S_{j,2l+2} - 0.5S_{j,2l+4}$，$S_{j,2l+2}$ 的更新算子 $U(S_{j,2l+2}) = 0.5d_{j+1,l+1}$，尺度系数为 $S_{j+1,l+1} = S_{j,2l+2} + 0.5d_{j+1,l+1}$。

3）$S_{j,2l+5}$ 点的计算：当信号长度 $N < 8$ 时采用改进预测算子的（2，2）小波函数，否则采用（2，2）小波函数，其预测算子 $P(S_{j,2l+5}) = 0.5S_{j,2l+4} + 0.5S_{j,2l+6}$，小波系数为 $d_{j+1,l+1} = S_{j,2l+5} - 0.5S_{j,2l+4} - 0.5S_{j,2l+6}$，$S_{j,2l+4}$ 的更新算子 $U(S_{j,2l+4}) = 0.25d_{j+1,l+1} + 0.25d_{j+1,l+2}$，尺度系数为 $S_{j+1,l+2} = S_{j,2l+4} + 0.25d_{j+1,l+1} + 0.25d_{j+1,l+2}$。

4）依次顺推的点的计算方法，根据其优选的小波函数 $(M,\tilde{M})$，由（2，2）小波插值阶次依次上升到 $(M,\tilde{M})$ 小波函数。

5）当 $N - M/2 < i \leqslant N$ 时，与阶跃初始阶段一样，依次递减小波函数的插值阶次。

（2）若突变点为偶数点，即 $S_{j,2l}$ 为阶跃点，则

1）$S_{j,2l-1}$ 点采用 Haar 小波函数，$S_{j,2l-1}$ 的预测算子 $P(S_{j,2l-1}) = S_{j,2l-2}$，小波系数为 $d_{j+1,l-1} = S_{j,2l-1} - S_{j,2l-2}$，$S_{j,2l-2}$ 的更新算子 $U(S_{j,2l-2}) = 0.5d_{j+1,l-1}$，尺度系数为 $S_{j+1,l-1} = S_{j,2l-2} + 0.5d_{j+1,l-1}$。

2）$S_{j,2l+1}$ 点采用改进预测算子的（2，2）小波函数，$S_{j,2l+1}$ 的预测算子 $P(S_{j,2l+1}) = 0.5S_{j,2l} + 0.5S_{j,2l+2}$，小波系数为 $d_{j+1,l} = S_{j,2l+1} - 0.5S_{j,2l} - 0.5S_{j,2l+2}$，$S_{j,2l}$ 的更新算子 $U(S_{j,2l}) = 0.5d_{j+1,l}$，尺度系数为 $S_{j+1,l-1} = S_{j,2l} + 0.5d_{j+1,l}$。

3）$S_{j,2l+3}$ 点采用（2，2）小波函数，$S_{j,2l+3}$ 的预测算子 $P(S_{j,2l+3}) = 0.5S_{j,2l+2} + 0.5S_{j,2l+4}$，小波系数为 $d_{j+1,l+1} = S_{j,2l+3} - 0.5S_{j,2l+2} - 0.5S_{j,2l+4}$，$S_{j,2l+2}$ 的更新算子 $U(S_{j,2l+2}) = 0.25d_{j+1,l} + 0.25d_{j+1,l+1}$，尺度系数为 $S_{j+1,l+1} = S_{j,2l+2} + 0.25d_{j+1,l} + 0.25d_{j+1,l+1}$。

4）依次顺推的点的计算方法，根据其优选的小波函数 $(M,\tilde{M})$，由（2，2）小波一次上升到 $(M,\tilde{M})$ 小波函数。

5）当 $N - M/2 < i \leqslant N$ 时，与阶跃初始阶段一样，依次递减小波

函数的插值阶次。

2.3.4 基于信号局部特征的自适应小波阈值选择

白噪声在小波变换后的各个子带中分布规律相同，而各子带中相应位置的小波系数之间没有相似性。但从多分辨分析的角度考虑小波信号的各个频带，小波系数的幅值随着尺度的减小而衰减。

在同一分解尺度上，小波阈值与不同小波函数的关系：排烟风机诊断信号既包含滚动轴承故障和碰摩故障等冲击信号，也包含有不平衡、不对中的平滑信号；既包含平稳信号，也包含随时间变换的非平稳信号。因此，采用自适应小波算法根据信号局部特征自适应地选择小波分析函数进行信号去噪，在去噪阈值的选择中，对同一个信号在不同段采用不同的小波函数，得到的系数不能采用统一的阈值标准来衡量，必须设计新的阈值算法。

基于信号局部特征的自适应阈值设计方法：根据信号局部特征，选择相应的最佳小波，在每一小波分析段，采用相应的阈值算法，即在不同小波函数段，选择不同的阈值，并且在不同的分解层，采用与尺度相关的阈值。具体阈值设计步骤如下。

Step1：在每个信号段，根据本书设计的阈值函数表达式（2-4）分别计算各段的初始阈值 $t_0(i)$。

Step2：第 j 级分解的阈值 $t_j(i) = \alpha^{j-1} t_0(i)$，其中 $\alpha < 1$ 为整因子，$\alpha = \dfrac{1}{2}$ 具有较好的稳健性，j 为小波分解的级数。

2.3.5 仿真与实验

针对文中提及的由 Heavysine 信号、冲击信号、宽脉冲信号和白噪声混叠而成的混合信号，根据信号局部特征分段自适应选择小波函数，并分段计算相应的去噪值，对信号进行处理。

图 2-4(a) 为 Heavysine 信号、冲击信号、宽脉冲信号的叠加，图 2-4(b) 为 Heavysine 信号和白噪声混叠信号，图 2-4(c) 用 dB4 小波整体去噪后的信号，图 2-4(d) 为分段小波去噪后的信号。从信号处理效果可以看出，采用分段自适应小波分析及分段阈值去噪可以显著

提高信号分析的信噪比，最大限度地保留信号微弱特征，具有很好的信号处理能力。

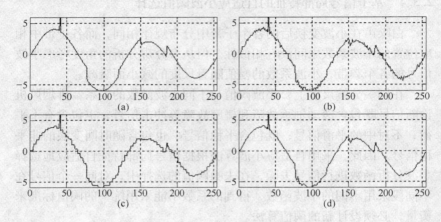

图2-4 针对信号局部特征的自适应小波去噪

（a）原始信号；（b）加噪后的信号；（c）整体去噪后的信号；（d）分段去噪后的信号

2.4 信号频域特征的小波消混校正方法设计

振动和噪声信号中蕴含有系统最原始的动态信息，系统的任何一种动态行为都会对应一定的信号波形。同时，信号分析的实质是提取波形特征，如傅里叶分析提取正弦波，时频分析提取正弦波及其时变特性，解调分析提取信号中的调制信号和载波，小波分析提取与小波函数波形相关的特征波形，互相关分析提取两路信号中共同具有的周期信号，等等。而任何一种信号分析方法均有其局限性，因此，以波形特征为出发点综合各种信号分析方法，才能尽可能多地提取信号中的特征信息。

2.4.1 小波分析的频域特征提取

傅里叶变换是经典信号处理中应用最广的频谱分析算法，但是它是基于全局的时频转换，对平稳信号具有很好的分析效果，对非平稳信号则误差较大。而小波变换由于具有良好的时频局部分析性能，能同时兼顾信号的时域和频域分析，既适用于分析平稳信号，又适用于分析非平稳信号，在振动信号特征分析中得到了广泛应用。小波变换的多分辨率分析能够将信号展开在不同频带上，因而能够对信号按不同的频带进行分离，这一特性对于分析振动信号是十分有用的。

小波变换的基本步骤为：首先将振动信号按不同的频段进行分解，然后选择所需要的频段，或是选择能够表征信号特点的系数进行信号重构，重建后的信号包含所分析的时频信息，并通过频谱分析得到故障特征频率和频率幅值。

下面给出一个由三个不同频率 12.5Hz、75Hz 和 150Hz 的正弦信号组成的仿真信号。图 2-5 为该仿真信号的时域图和傅氏频谱图。

$$x(t) = \sin(2\pi \cdot 12.5t) + \sin(2\pi \cdot 75t + 0.5) + \sin(2\pi \cdot 150t + 2)$$

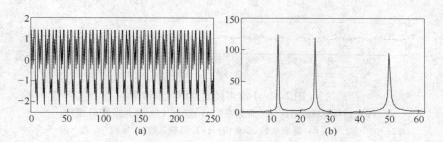

图 2-5 信号时域波形与频谱图

(a) 信号时域波形；(b) 频谱分析

采用 dB20 小波函数对信号进行 3 尺度分解和重构，其波形如图 2-6 所示。其近似系数与细节系数分别对应了相应频率段的信号，a3 对应 0~62.5Hz 的信号，d3 对应 62.5~125Hz 的信号，d2 对应 125~250Hz 的信号，d1 对应 250~500Hz 的信号，根据相应段信号可以很方便地求出该段信号的频率特征。

2.4.2 小波分解中频率混淆的校正方法设计

由小波变换算法（Mallet 算法）可知，小波变换包括与正交镜像滤波器卷积、隔点采样（分解过程）、隔点插零（重构过程）三个基本步骤。小波分解的过程就是信号的频带降半划分的过程。实际的正

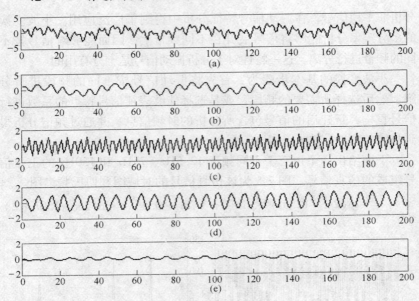

图 2-6　小波多尺度分解与重构图

（a）信号时域波形；（b）低频系数 a3 重构；（c）高频系数 d3 重构；
（d）高频系数 d2 重构；（e）高频系数 d1 重构

交镜像滤波器的频域特性是非理想的，由于这种非理想的截止特性，使得被分解信号与正交镜像滤波器卷积的过程中，采进了应归属于其临近频带的频率成分。每次分解后近似部分中所包含的多余频率成分和细节部分中的理论频率成分再经隔点采样要产生频率折叠。隔点插零产生 2 个结果：一是信号采样频率增加一倍；二是产生虚假的频率成分。设采样频率为 f_s，在 2^j 尺度将产生以 $\dfrac{f_s}{2^{j+1}}$ 为对称中心的与真实频率成分对称的虚假频率成分。经过隔点插零，细节中的理论频段部分在分解时产生的频率折叠被调整过来，但在分解时产生的其他虚假频率成分以及多余的频率成分，经过隔点插零又产生新的虚假频率成分。

　　综上所述，小波变换快速算法中的频率混淆是由正交镜像滤波器的非理想截止特性、隔点采样和隔点插零共同作用造成的。

为了消除频率混淆，针对小波变换中的频率混淆的原因，对小波变换算法进行改进[113~115]。如图 2-7 所示，$\boxed{\downarrow 2}$ 表示隔点采样，$\boxed{\uparrow 2}$ 表示隔点插零，$\boxed{C}$ 表示去掉与正交镜像滤波器 $\tilde{h}$ 或 h 卷积后多余的频率成分，$\boxed{D}$ 表示去掉与正交镜像滤波器 $\tilde{g}$ 或 g 卷积后多余的频率成分。去掉多余频率成分的方法如下：将信号进行 FFT，然后将理论上不在该频段的频率成分置零，再进行 IFFT，以 IFFT 的结果继续分解或重构。a、d 表示小波变换系数。A、D 表示重构的信号，是原始信号的子频带信号，是每一个 P 都具有与原始信号相同的采样频率。$\boxed{\tilde{h}}$、$\boxed{\tilde{g}}$、$\boxed{h}$、$\boxed{g}$ 分别为与 $\tilde{h}$、$\tilde{g}$、h、g 的卷积。

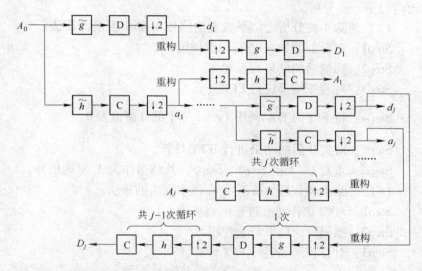

图 2-7 小波分解频率混淆的校正算法

2.4.3 消除小波分析频率混淆算法设计

（1）消除小波分析近似系数 a_j 频率混淆的算法。

Step1：A_j 与 $\tilde{h}$ 卷积后，系数为 a_{j+1}。

Step2：对近似系数 a_{j+1} 进行 FFT 计算。

Step3：将 FFT 计算结果中 $\left(f > \dfrac{f_s}{2^{j+1}} \right)$ 部分谱值置 0。

Step4：对置 0 后的结果进行 IFFT 计算。

Step5：对 IFFT 计算结果进行隔点采样，采样后的结果作为 a_{j+1} 再进行下一步分解。

（2）消除小波分析细节系数 d_j 频率混淆的算法。

Step1：A_j 与 $\tilde{g}$ 卷积后，系数为 d_{j+1}。

Step2：对近似系数 d_{j+1} 进行 FFT 计算。

Step3：将 FFT 计算结果中 $\left(f \leqslant \dfrac{f_s}{2^{j+1}}\right)$ 部分谱值置 0。

Step4：对置 0 后的结果进行 IFFT 计算。

Step5：对 IFFT 计算结果进行隔点采样，采样后的结果作为 d_{j+1} 再进行下一步分解。

（3）消除小波分析近似系数重构信号 A_j 频率混淆的算法。

Step1：对近似系数 a_j 进行隔点插值。

Step2：插值后的结果与 h 卷积。

Step3：对卷积结果进行 FFT 计算。

Step4：将 FFT 计算结果中 $\left(f > \dfrac{f_s}{2^{j+1}}\right)$ 部分谱值置 0。

Step5：对置 0 后的结果进行 IFFT 计算。

Step6：重复 $j-1$ 次 Step1 ~ Step5，其结果作为 A_j 重构信号。

（4）消除小波分析细节系数 d_j 频率混淆的算法。

Step1：对细节系数 d_j 进行隔点插值。

Step2：插值后的结果与 g 卷积。

Step3：对卷积结果进行 FFT 计算。

Step4：将 FFT 计算结果中 $\left(f \leqslant \dfrac{f_s}{2^{j+1}}\right)$ 部分谱值置 0。

Step5：对置 0 后的结果进行 IFFT 计算。

Step6：对 IFFT 计算结果进行隔点插值。

Step7：插值后的结果与 h 卷积。

Step8：对卷积结果进行 FFT 计算。

Step9：将 FFT 计算结果中 $\left(f > \dfrac{f_s}{2^{j+1}}\right)$ 部分谱值置 0。

Step10：对置 0 后的结果进行 IFFT 计算。

Step11：重复 Step6 ~ Step10，循环 $j - 2$ 次，其结果作为 D_j 重构信号。

2.4.4　小波混频改进算法应用

（1）对图 2-5 所示信号采用混频改进算法进行分析，得到各频率特征值，如图 2-8 所示。

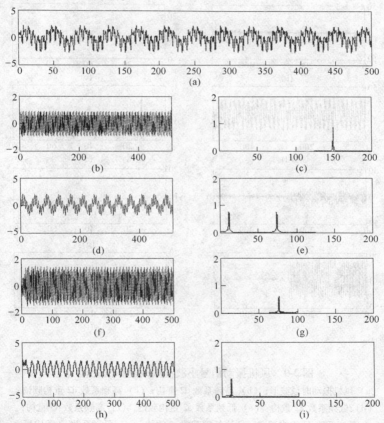

图 2-8　小波混频改进算法仿真

（a）信号时域波形；（b）高频系数 d2 重构；（c）高频系数 d2 重构频谱；（d）低频系数 a2 重构；（e）低频系数 a2 重构频谱；（f）高频系数 d3 重构；（g）高频系数 d3 重构频谱；（h）低频系数 a3 重构；（i）低频系数 a3 重构频谱

（2）风机振动现场时域波形的信号处理如图 2-9 所示。

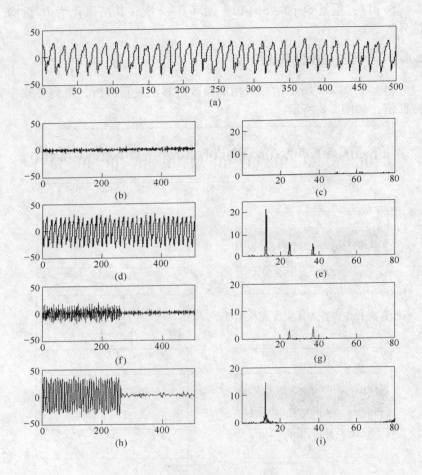

图 2-9　风机振动信号小波混频改进算法处理

（a）风机振动时域波形；（b）高频系数 d2 重构；（c）高频系数 d2 重构频谱；
（d）低频系数 a2 重构；（e）低频系数 a2 重构频谱；（f）高频系数 d3 重构；
（g）高频系数 d3 重构频谱；（h）低频系数 a3 重构；（i）低频系数 a3 重构频谱

由以上分析可以看出，采用小波混频改进算法进行频谱特征可以有效地消除频率混淆，获得更好地提取频谱特征。

2.5 本章小结

（1）针对排烟风机振动信号干扰噪声的复杂性，研究了基于信号局部特征的自适应提升小波信号去噪方法，即根据信号的时域局部特征自适应地分段选择提升小波函数、计算每一段小波分解系数的去噪阈值，并分段进行信号处理。该分段自适应提升小波信号处理，不仅具有提升小波运算快速性、可完全重构性、占用内存少等特点，而且可以更好地分段针对信号局部特性进行提升小波去噪处理，使去噪性能更佳，信号更平滑。

（2）信号去噪分析中，阈值函数是一个非常重要的参数，本章在分析和比较 Donoho 经典硬阈值函数、软阈值函数以及一些学者改进的阈值函数的基础上，设计了一种基于指数函数和调节参数的改进型阈值函数，通过实验表明，该阈值函数具有更好的去噪性能。

（3）根据提升小波算法特点和信号局部特征，提出了平滑递变提升小波函数，依据信号局部突变点的位置不同而自适应地选择相应的预测函数和更新函数，并从突变点开始依次递增小波函数的插值阶次，直到该段信号所选择的阶次，在结束段则依次递减小波函数的插值阶次，从而实现提升小波处理的连续性。

（4）在排烟风机故障诊断中，频谱特征是一个非常重要的特征参数，利用小波多尺度信号分解方法进行时频分析，求解相应的频率特性，针对卷积、隔点采样（分解过程）和隔点插零（重构过程）所带来的虚假频率成分，设计了改进的小波分解与重构算法，有效地提高了信号频谱特征的提取。

（5）采用 Matlab 软件编写了改进小波阈值函数、信号局部特征分析函数、提升小波平滑递变函数，开发了基于信号局部特征的自适应提升小波信号去噪程序与改进的小波多尺度信号频谱特征提取程序。

3 动态故障源数估计的自适应
盲源分离方法研究

3.1 数据层融合诊断问题的提出

人们在长期的排烟风机故障诊断的机理研究与经验总结中，从故障特征与风机故障的对应关系中总结出了很多专家经验。故障诊断常常采用基于特征层的专家诊断方法，如频谱故障诊断、神经网络故障诊断、专家系统故障诊断等。然而，多传感器获取的数据层所包含的原始故障信息最多，信息损失最少，因此，如何有效地利用数据层传感器信息，直接诊断系统故障，是一个值得研究的故障诊断方法。

盲源分离算法（BSS）是一种能有效地从观测到的混合信号中恢复出各个原始信号的信号识别算法。盲源分离独立分量分析方法起源于 20 世纪 80 年代，并迅速成为国内外信号处理研究领域的一大热点。1991 年，Jutten 和 Herault 提出了独立分量分析的 H-J 算法；1994 年，Comon 从数学原理上为独立分量分析作了一个统一的框架，命名为 Independent Component Analysis（ICA），提出用互信息度量信源之间的相互统计独立性，并将互信息作为对比函数，用高阶统计量的方法近似互信息，并给出了基于高阶统计量的算法；1995 年，Bell 和 Sejnowski 提出了基于信息极大化的 ICA 算法，算法的形式比较简单，迅速引起了神经网络界的广泛关注；1996 年，日本学者 Amari 和 Cichocki 等提出用自然梯度方法来改进 Infomax 算法，从而避免计算矩阵的逆，提高了算法的收敛速度；20 世纪 90 年代，Lee、Hyvarinen、Bell、Cardoso 等学者将极大似然估计方法用于求解标准的独立成分分析问题[137~145]。对于标准的独立成分分析，要求源信号的个数与观测混合信号的个数相等，并假设混合矩阵 A 是可逆的，求混合矩阵 A 就等价于求其逆矩阵 W，因此源信号就可以通过 $s = Wx$ 得到，其中 W 称为分离或解混矩阵。

　　排烟风机采用的传感器数量是固定的，而故障源数是动态的，有时候只有一种故障，如发生概率最高的不平衡故障，而有时候却是多种故障同时发生，甚至故障源数超过了传感器个数。当前比较成熟的盲分离算法都是针对具体的分离环境（如正定矩阵的 ICA 求解、超定矩阵的主成分盲分离算法、欠定矩阵的稀疏源盲分离算法）。因此，本章讨论源信号数目与观测混合信号数目的关系，即观测信号数等于源信号数（正定情况）、观测信号数大于源信号数（超定情况）以及观测信号数小于源信号数（欠定情况），分析适用于三种情况的拓展四阶累积量矩阵的动态故障源数估计算法，并在此基础上根据故障源数与传感器数的关系自适应选择相应的盲源分离算法进行故障识别。

3.2　动态故障源的源数估计算法研究

　　通常的盲源分离算法，都不具备对未知信号源个数进行估计的能力，都是在假设信号源的个数已经预先确定的前提下进行计算，否则无法进行信号分离。盲源分离根据源信号个数 N 和混合信号个数 M 之间的关系可分为三种情况：正定盲源分离（$M = N$）、超定盲源分离（$M > N$）以及欠定盲源分离（$M < N$）。对信号源数的确定，大部分都是假定信号源数等于或小于混合信号数，即正定或超定情况，该类信号源数估计的算法很多，如主成分分析法（PCA）、奇异值分析法（SVD）、聚类分析法等。欠定信号分离情况下确定信源数目的专门研究尚不多见。然而在实际应用环境中，信号源数通常是未知的，而且经常是动态变化的，如机械设备的故障，通常由很多因素引起。本书所研究的排烟风机最常见的故障有：转子叶轮上粘灰引起的转子不平衡、联轴器引起的不对中、滚动轴承造成的轴承故障、电动机造成的电磁故障、轴承座松动故障等。这些故障发生的几率高，并且是动态的，因此，本节重点研究机械故障源数的估计算法。

3.2.1　现有信号源数估计方法

3.2.1.1　基于 PCA 的源数估计[162]

　　假定有 M 个传感器，N 个信号源（$M \geqslant N$），设 a_{ij} 为从源信号 i 到

观测信号 j 的传递函数，传感器接收信号 x_i 表示为：

$$X = AS + n \tag{3-1}$$

式中，$n = [n_1, n_2, \cdots, n_M]^T$ 为观测噪声，当信号传递过程为瞬态混合时，a_{ij} 为实数。

对于观测向量 X，设均值为零，则相应的协方差矩阵为：

$$R_x = E[XX^T] = R_s + R_n \tag{3-2}$$

式中，R_s 为无观测噪声时观测信号的协方差矩阵；R_n 为观测噪声 n 的协方差矩阵，通常 n 为零均值、方差为 σ^2 的高斯白噪声，因此

$$R_n = \sigma^2 I \tag{3-3}$$

由于 M 个传感器接收到的信号中仅有 $N(M \geq N)$ 个实际信号，在瞬态混合情况下，$N \times N$ 矩阵 R_s 的秩为 N。而从式（3-3）可见，噪声 n 的协方差矩阵 R_n 是满秩的，即 $\text{rank}(R_n) = M$。由此分析，当无观测噪声时，$M \times M$ 矩阵 R_x 与 R_s 是等秩的，即 $\text{rank}(R_x) = \text{rank}(R_s) = N$，且仅有 N 个非零特征值。当存在加性噪声时，由于 R_n 满秩，R_x 也是满秩的，所以 R_x 将有 N 个非零特征值。因此，观测空间可分解成 N 维信号子空间和 $M - N$ 维噪声子空间，子空间的划分可通过主特征分析方法实现。

由以上分析可知，源数目估计等价于信号子空间维数的估计，当无加性噪声时，源数目等于观测数据协方差矩阵的非零特征的个数。当有噪声存在时，将观测信号 X 的协方差矩阵 R_x 的特征值按由大到小的顺序排列，根据噪声强度来确定阈值，大于该阈值的特征值个数即为信号子空间的维数，即信号源数目。

Wax 等从信息论的角度推导了一种信号度量准则，根据最小描述长度（MDL）信息量准则来估计源数目 $\hat{N}$。

设 $\lambda = (\lambda_1, \lambda_2, \cdots, \lambda_n)^T$ 为 R_x 的特征向量，且 $\lambda_1 \geq \lambda_2 \geq \cdots \geq \lambda_N$，令

$$MDL(N) = -L(M-N)\ln\rho(N) + 0.5N(2M-N)\ln L \tag{3-4}$$

$$\rho(N) = \frac{(M-N)(\lambda_{N+1}\lambda_{N+2}\cdots\lambda_{N+M})^{\frac{1}{M-N}}}{\lambda_{N+1} + \lambda_{N+2} + \cdots + \lambda_{N+M}} \tag{3-5}$$

式（3-5）表示 $M - N$ 维最小 PCA 特征值的几何平均相对于其算术平均的比率，L 为估计 $\boldsymbol{R}_x$ 所采用的数据长度，因此源数估计值为：

$$\hat{N} = \min_N [MDL(N)] \tag{3-6}$$

3.2.1.2 奇异值分解的源数估计[155~156]

在无噪声的信号盲源分离问题中，当混合信号的个数多于信号源的个数，且源信号数据矩阵行满秩，即 $\text{rank}(S) = N$ 时，未知信号源个数 N 与混合观测信号矩阵 X 的秩数相等。

由线性混合模型 $\boldsymbol{X} = \boldsymbol{AS}$（式中 X 为 $M \times 1$ 阶混合信号随机矢量，S 为 $N \times 1$ 阶源信号行满秩矢量，A 为 $M \times N$ 阶满秩混合矩阵），有 $\text{rank}(A) = N$，则

$$\text{rank}(\boldsymbol{X}) = \text{rank}(\boldsymbol{AS}) = \text{rank}(\boldsymbol{S}) = N \tag{3-7}$$

未知信号源数目估计可以通过计算混合观测信号矩阵的秩来确定。而当存在观测噪声时，混合信号数据矩阵 X 为行满秩，其秩大于未知信号源的个数。在实际应用中，噪声干扰是不可避免的，因此需要通过计算混合观测信号数据矩阵的奇异值分解确定盲分离中信号源个数的估计问题。

设 B 为任意 $M \times N$ 阶复矩阵，则存在 $M \times M$ 的酉矩阵 U 和 $N \times N$ 阶的酉矩阵 V，使矩阵 B 分解为

$$\boldsymbol{B} = \boldsymbol{U\Sigma V}^{\mathrm{H}} \tag{3-8}$$

式中，$\boldsymbol{\Sigma}$ 为对角阵，其对角元素 $\lambda_{11} \geqslant \lambda_{22} \geqslant \cdots \geqslant \lambda_{kk} \geqslant 0$，$\lambda_{kk}$ 对应于矩阵 $\boldsymbol{B}^{\mathrm{H}}\boldsymbol{B}$ 的特征值的正平方根，称为矩阵 B 的奇异值。

构造观测信号自相关阵 $\boldsymbol{R}_x = \boldsymbol{XX}^{\mathrm{H}}$，其非零奇异值与非零特征值的个数相等，即

$$\text{rank}(\boldsymbol{R}_x) = \text{rank}(\boldsymbol{XX}^{\mathrm{H}}) = \text{rank}(\boldsymbol{X}) = N \tag{3-9}$$

当存在噪声时，观测信号自相关阵为 $\tilde{\boldsymbol{R}}_x$，噪声自相关阵 $\boldsymbol{R}_n$，则

$$\tilde{\boldsymbol{R}}_x \approx \boldsymbol{R}_x + \boldsymbol{R}_n = \boldsymbol{R}_x + \sigma^2 \boldsymbol{I} \tag{3-10}$$

若 $\lambda_1 \geqslant \lambda_2 \geqslant \cdots \geqslant \lambda_N \geqslant \lambda_{N+1} = \lambda_{N+2} = \cdots = \lambda_M$ 是 $\boldsymbol{R}_x$ 的 M 个特征值，而 $\tilde{\boldsymbol{R}}_x$ 的 M 个特征值为 $\mu_1 \geqslant \mu_2 \geqslant \cdots \geqslant \mu_N \geqslant \mu_{N+1} \geqslant \cdots \geqslant \mu_M \geqslant 0$，则

在一定的信噪比条件下，有 $\mu_i \gg \sigma^2 (i = 1, 2, \cdots, N)$，混合观测信号的自相关矩阵 $\tilde{R}_x$ 的主特征值数与源信号个数相等，而根据矩阵奇异值的定义，矩阵 $\tilde{R}_x$ 的特征值的正平方根就是其奇异值，因此，未知源信号的个数 N 与混合观测信号数据矩阵的主奇异值相等。

3.2.1.3　四阶累积量矩阵的源数估计

A　四阶累积量矩阵

与基于二阶矩阵的 PCA 主成分分析方法相比，基于高阶累积量对高斯噪声是白的，不仅在高斯噪声下能正确估计信号源个数，而且能有效抑制有色高斯噪声和相关高斯噪声，因此，累积量能够得到较好的信源一致性估计。构造四阶累积量矩阵如下[145]：

$$
C = \begin{bmatrix}
\mathrm{cum}(x_1 x_1^* x_1 x_1^*) & \mathrm{cum}(x_2 x_2^* x_2 x_1^*) & \cdots & \mathrm{cum}(x_m x_m^* x_m x_1^*) \\
\mathrm{cum}(x_1 x_1^* x_1 x_2^*) & \mathrm{cum}(x_2 x_2^* x_2 x_2^*) & \cdots & \mathrm{cum}(x_m x_m^* x_m x_2^*) \\
\vdots & \vdots & & \vdots \\
\mathrm{cum}(x_1 x_1^* x_1 x_m^*) & \mathrm{cum}(x_2 x_2^* x_2 x_m^*) & \cdots & \mathrm{cum}(x_m x_m^* x_m x_m^*)
\end{bmatrix}
$$

$$
\tag{3-11}
$$

$$
\mathrm{cum}(x_i(t) x_j^*(t) x_u(t) x_l^*(t)) = \mathrm{cum}\left(\sum_{k=1}^n \alpha_{ik} s_k(t), \sum_{k=1}^n \alpha_{jk}^* s_k^*(t), \right.
$$

$$
\left. \sum_{k=1}^n \alpha_{uk} s_k(t), \sum_{k=1}^n \alpha_{lk}^* s_k^*(t) \right) + \mathrm{cum}(n_i(t), n_j^*(t), n_u(t), n_l^*(t))
$$

$$
\tag{3-12}
$$

累积量矩阵 C 对角线上的各累积量项为：

$$
\mathrm{cum}(x_i(t) x_i^*(t) x_i(t) x_i^*(t)) = \mathrm{cum}\left(\sum_{k=1}^n \alpha_{ik} s_k(t), \sum_{k=1}^n \alpha_{ik}^* s_k^*(t), \right.
$$

$$
\left. \sum_{k=1}^n \alpha_{ik} s_k(t), \sum_{k=1}^n \alpha_{ik}^* s_k^*(t) \right) + \mathrm{cum}(n_i(t), n_i^*(t), n_i(t), n_i^*(t))
$$

$$
\tag{3-13}
$$

式中第一项为 0。

累积量矩阵 C 非对角线上的各累积量项为：

$$\text{cum}(x_i(t)x_i^*(t)x_i(t)x_j^*(t)) = \text{cum}(\sum_{k=1}^{n} \alpha_{ik}s_k(t), \sum_{k=1}^{n} \alpha_{ik}^* s_k^*(t),$$

$$\sum_{k=1}^{n} \alpha_{ik}s_k(t), \sum_{k=1}^{n} \alpha_{jk}^* s_k^*(t)) + \text{cum}(n_i(t), n_i^*(t), n_i(t), n_j^*(t))$$

$$(3-14)$$

由高阶累积量对非相关噪声、相关高斯噪声抑制作用，式（3-14）中第一项也为 0。由以上分析可知，累积量矩阵 C 对高斯噪声具有有效的抑制作用。

B 基于四阶累积量矩阵的源数估计算法

在有噪声的信号盲源分离中，当混合观测信号的个数多于信号源的个数，且源信号样本的数据矩阵行满秩时，未知信号源的个数与混合信号矢量样本 $x(t)$ 的主特征位数相等。

定义：设矩阵 A 为 $m \times m$ 的方阵，$\lambda_{11} \geq \lambda_{22} \geq \cdots \geq \lambda_{mm} \geq 0$ 是 A 的 m 个特征位，若存在正整数 e_h 使得任意的 $i \leq e_h$ 和任意的 $j \geq e_h$，总有 $\lambda_{ii} \geq \lambda_{jj}$，则称 e_h 为矩阵 A 的主特征值数。

在信号盲源分离问题中，当观测到的混合信号的数目多于未知信号源数目时，如果不存在观测噪声，则信号源的数目与混合信号矢量的样本自相关矩阵的秩数相等，即与其非零特征位数相等。而当存在观测噪声时，噪声的方差将叠加在混合信号矢量样本自相关矩阵的特征位上，从而使得混合信号矢量样本自相关矩阵为零的特征位被噪声方差所代替。

由盲源分离假设条件可知，各信号源相互独立，故其源信号个数与混合信号累积量矩阵 C 的主特征位数相等。故对 C 进行特征位分解，其主特征位数即为所求。

3.2.2 基于拓展四阶累积量矩阵与奇异值分解的源数估计算法研究

在源数估计算法中，通常是寻找超定情况下的信源数目。然而在实际应用环境中，信源数通常是未知的，而且经常是动态变化的，如在运行环境恶劣的冶金、矿山、建材、化工等行业的大型机械设备常常处于亚健康状态下运行，经常存在多个故障源同时影响设备的运行状态，并且故障源数目是动态的。本书所研究的大型排烟风机就是如此。在检测时通常在轴承座安装水平、垂直与轴向方向振动传感器，但某些故障不反映在轴向传感器，应用最多的往往是两个轴承座水平与垂直方向的四个传感器，而故障源的个数甚至会出现大于传感器个数的情况。源信号数目动态变化的盲分离问题非常复杂，目前只有少数学者对此进行了研究，而对这个问题的研究在实际应用中有着很大的现实意义与研究价值。针对源数可能大于混合信号数，本书提出了高阶累积量矩分析方法估计信源数目，采用拓展四阶累积量矩阵计算特征量，并根据奇异特征值方法研究任意故障源数的估计算法。

3.2.2.1 拓展四阶累积量方法

设有 N 个源信号混合叠加到 M 个观测传感器上，各个源信号相互独立，信号与噪声也统计独立，噪声服从高斯分布。其表达向量形式为：

$$X(t) = AS(t) + N(t) \tag{3-15}$$

式中，$X(t) = [x_1(t), x_2(t), \cdots, x_M(t)]^{\mathrm{T}}$ 为传感器输出向量；$S(t) = [s_1(t), s_2(t), \cdots, s_N(t)]^{\mathrm{T}}$ 为源信号向量；$N(t) = [n_1(t), n_2(t), \cdots, n_M(t)]^{\mathrm{T}}$ 为噪声向量；$A = [a_1(t), a_2(t), \cdots, a_N(t)]^{\mathrm{T}}$ 为传递矩阵。

构造四阶累积量矩阵 C_x，其第 $(k_1 - 1)M + k_2$ 行 $(k_3 - 1)M + k_4$ 列 $(k_1, k_2, k_3, k_4 \in \{1, 2, \cdots, M\})$ 元素为：

$$\mathrm{cum}(x_{k_1}, x_{k_2}^*, x_{k_3}, x_{k_4}^*) = E\{x_{k_1} x_{k_2}^* x_{k_3} x_{k_4}^*\} - E\{x_{k_1} x_{k_2}^*\} E\{x_{k_3} x_{k_4}^*\} -$$

$$E\{x_{k_1} x_{k_3}\} E\{x_{k_2}^* x_{k_4}^*\} - E\{x_{k_1} x_{k_4}^*\} E\{x_{k_2}^* x_{k_3}\} \tag{3-16}$$

$$E\{x_{k_1} x_{k_2}^* x_{k_3} x_{k_4}^*\} = \frac{1}{L} \sum_{t=1}^{L} x_{k_1}(t) x_{k_2}^*(t) x_{k_3} x_{k_4}^*$$

$$E\{x_{k_1} x_{k_2}^*\} = \frac{1}{L} \sum_{t=1}^{L} x_{k_1}(t) x_{k_2}^*(t)$$

3.2.2.2 基于拓展四阶累积量矩阵的源数估计

定义 $c_{ijkl} = \text{cum}(x_i x_j^* x_k x_l^*)$，$q_{uv} = \begin{bmatrix} c_{u1v1} & c_{u1v2} & \cdots & c_{u1vM} \\ c_{u2v1} & c_{u2v2} & \cdots & c_{u2vM} \\ \vdots & \vdots & & \vdots \\ c_{uMv1} & c_{uMv2} & \cdots & c_{uMvM} \end{bmatrix}$ 为

$M \times M$ 阶矩阵，构造 M^2 行 M^2 列四阶累积量矩阵如下：

$$C = \begin{bmatrix} q_{11} & q_{12} & \cdots & q_{1M} \\ q_{21} & q_{22} & \cdots & q_{2M} \\ \vdots & \vdots & & \vdots \\ q_{M1} & q_{M2} & \cdots & q_{MM} \end{bmatrix}$$

将拓展四阶累积量矩阵展开为：

$$C = \begin{bmatrix} c_{1111} & \cdots & c_{111M} & c_{1121} & \cdots & c_{112M} & c_{11M1} & \cdots & c_{11MM} \\ \vdots & & \vdots & \vdots & & \vdots & \vdots & & \vdots \\ c_{1M11} & \cdots & c_{1M1M} & c_{1M21} & \cdots & c_{1M2M} & c_{1MM1} & \cdots & c_{1MMM} \\ c_{2111} & \cdots & c_{211M} & c_{2121} & \cdots & c_{212M} & c_{21M1} & \cdots & c_{21MM} \\ \vdots & & \vdots & \vdots & & \vdots & \vdots & & \vdots \\ c_{2M11} & \cdots & c_{2M1M} & c_{2M21} & \cdots & c_{2M2M} & c_{2MM1} & \cdots & c_{2MMM} \\ \vdots & & \vdots & \vdots & & \vdots & \vdots & & \vdots \\ c_{M111} & \cdots & c_{M11M} & c_{M121} & \cdots & c_{M12M} & c_{M1M1} & \cdots & c_{M1MM} \\ \vdots & & \vdots & \vdots & & \vdots & \vdots & & \vdots \\ c_{MM11} & \cdots & c_{MM1M} & c_{MM21} & \cdots & c_{MM2M} & c_{MMM1} & \cdots & c_{MMMM} \end{bmatrix}$$

$$(3\text{-}17)$$

对 $M^2 \times M^2$ 矩阵 C 进行奇异值分解，求取特征值：$\lambda_1 \geqslant \lambda_2 \geqslant \cdots \geqslant \lambda_n \geqslant 0$ 是 C 的 n 个特征值，若存在阈值 λ_h，则 $\lambda_i \geqslant \lambda_h$ 的特征值 λ_i 的个数即为矩阵 C 的主特征值数。

3.2.2.3 基于拓展四阶累积矩源数估计

基于拓展四阶累积矩源数估计的具体算法如下：

Step1：根据观测信号，构造矢量 $\boldsymbol{x}(t) = [x_1(t), x_2(t), \cdots,$ $x_M(t)]^{\mathrm{T}}$。

Step2：根据式（3-17）计算所构造的累积量矩阵 $\boldsymbol{C}$。

Step3：对 $\boldsymbol{C}$ 进行奇异值分解，得 N 个特征位，并将这些特征位从大到小排列，即 $\lambda_1 \geqslant \lambda_2 \geqslant \cdots \geqslant \lambda_n \geqslant 0$。

Step4：根据阈值 λ_h，则 $\lambda_i \geqslant \lambda_h$ 的特征值的个数即为所求信号源个数。

3.2.3　拓展四阶累积量矩阵源数估计实验

3.2.3.1　超定情况下故障源数估计

模拟机械故障信号特征构造 4 个故障信号源：

$$s_1(t) = A_1 \cos(2\pi \cdot f_1 \cdot t + \beta_1)$$

$$s_2(t) = A_2 \cos(2\pi \cdot 0.5 \cdot f_1 \cdot t + \beta_2)$$

$$s_3(t) = A_3 \cos(2\pi \cdot 2 \cdot f_1 \cdot t + \beta_3)$$

$$s_4(t) = A_4 \cos(2\pi \cdot 4 \cdot f_1 \cdot t + \beta_4)$$

式中，$A_i (i = 1, 2, \cdots, 4)$ 为信号的调制幅度。

观测信号采用 8 个传感器接收信号，源信号瞬态混合产生阵元观测信号为：

$$\boldsymbol{X} = \boldsymbol{AS} + \boldsymbol{N}$$

式中，$\boldsymbol{A}$ 为任意 8×4 阶混合矩阵。

源信号 s 波形、混合信号 x 波形如图 3-1 所示。

采用拓展四阶累积量矩阵对 8 个传感器采集得到的数据进行求解，并进行奇异值计算，可得到特征值 $\lambda_1 = 2.000$，$\lambda_2 = 1.6795$，$\lambda_3 = 1.6714$，$\lambda_4 = 1.5728$，$\lambda_5 = 0.8346$，$\lambda_6 = 0.7101$，$\lambda_7 = 0.6177$，$\lambda_8 = 0.5995$，$\lambda_9 = 0.1734$，$\lambda_{10} = 0.0003$，$\lambda_{11} = \cdots = \lambda_{64} = 0$。

取阈值 $\lambda_h = 1$，可得特征值个数为 4，即可以正确地估计出故障源个数。

3.2.3.2　欠定情况下故障源数估计

模拟机械故障信号特征构造 6 个故障信号源：

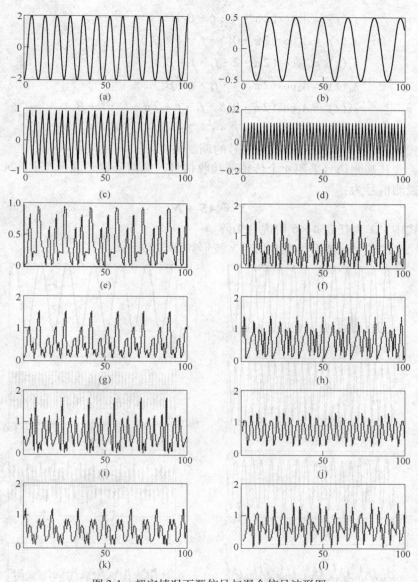

图 3-1 超定情况下源信号与混合信号波形图

（a）源信号 $s1$；（b）源信号 $s2$；（c）源信号 $s3$；（d）源信号 $s4$；（e）混合信号 $x1$；
（f）混合信号 $x2$；（g）混合信号 $x3$；（h）混合信号 $x4$；（i）混合信号 $x5$；
（j）混合信号 $x6$；（k）混合信号 $x7$；（l）混合信号 $x8$

$$s_1(t) = A_1\cos(2\pi \cdot f_1 \cdot t + \beta_1)$$
$$s_2(t) = A_2\cos(2\pi \cdot 0.5 \cdot f_1 \cdot t + \beta_2)$$
$$s_3(t) = A_3\cos(2\pi \cdot 2 \cdot f_1 \cdot t + \beta_3)$$
$$s_4(t) = A_4\cos(2\pi \cdot 4 \cdot f_1 \cdot t + \beta_4)$$
$$s_5(t) = A_5\cos(2\pi \cdot 0.5 \cdot f_1 \cdot t + 2\pi \cdot f_1 \cdot t + \beta_5)$$
$$s_6(t) = A_6\cos(2\pi \cdot f_1 \cdot t + 2\pi \cdot 4 \cdot f_1 \cdot t + \beta_6)$$

式中，$A_i(i = 1,2,\cdots,4)$ 为信号的调制幅度。

其观测信号采用 4 个传感器接收信号，源信号瞬态混合产生阵元观测信号为：

$$X = AS + N$$

式中，A 为任意 4×6 阶混合矩阵。

源信号 s 波形、混合信号 x 波形如图 3-2 所示。

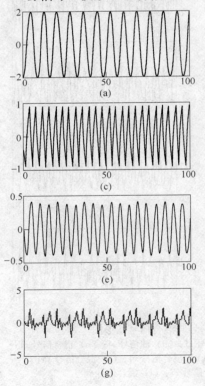
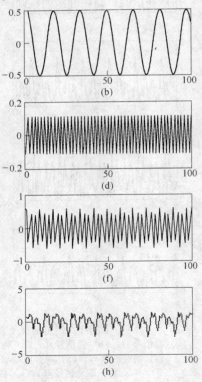

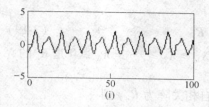
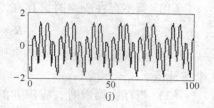

图 3-2 欠定情况下源信号与混合信号波形图

（a）源信号 s1；（b）源信号 s2；（c）源信号 s3；（d）源信号 s4；

（e）源信号 s5；（f）源信号 s6；（g）混合信号 x1；

（h）混合信号 x2；（i）混合信号 x3；（j）混合信号 x4

采用拓展四阶累积量矩阵对 4 个传感器采集得到的数据进行求解，并进行奇异值计算，可得到特征值 $\lambda_1 = 1.8184$，$\lambda_2 = 1.7425$，$\lambda_3 = 1.6298$，$\lambda_4 = 1.5075$，$\lambda_5 = 1.5038$，$\lambda_6 = 1.2963$，$\lambda_7 = 0.9564$，$\lambda_8 = 0.5491$，$\lambda_9 = 0.3591$，$\lambda_{10} = 0.2585$，$\lambda_{11} = \cdots = \lambda_{16} = 0$。

取阈值 $\lambda_h = 1$，可得特征值个数为 6，即可以正确地估计出故障源个数。

3.3 基于动态故障源数估计的自适应盲源分离算法研究

3.3.1 基于主元分析的超定盲源分离算法

在无噪声的信号盲源分离问题中，当混合信号的个数多于信号源的个数，未知信号源个数 N 与混合观测信号矩阵 X 的秩数相等；而当存在观测噪声时，混合信号数据矩阵 X 为行满秩的，其秩大于未知信号源的个数。因此，对于超定盲源分离问题的求解，通过计算混合观测信号矩阵的主元分解确定盲分离中信号源矩阵维数，从而根据观测信号矩阵重构降维矩阵[155,156]。

由 $X = AS$，观测信号自相关矩阵 $R_x = XX^T$，

$$XX^T = Q\Lambda Q^T \tag{3-18}$$

式中，$Q = [\xi_1, \xi_2, \cdots, \xi_m]^T$；$\Lambda = \mathrm{diag}(\lambda_1, \lambda_2, \cdots, \lambda_m)$；$\lambda_i$ 为 XX^T 的特征值；ξ_i 为 XX^T 相对于特征值 λ_i 的特征向量。

（1）当不存在噪声时，存在

$$R_x \approx R_s \qquad (3\text{-}19)$$

式中，R_s 为源信号自相关矩阵，则 $\lambda_1 \geqslant \lambda_2 \geqslant \cdots \geqslant \lambda_N \geqslant 0$ 是 R_x 的 N 个特征值。

（2）当存在噪声时，噪声 n 的自相关阵为 R_n，则

$$R_x \approx R_s + R_n = R_s + \sigma^2 I \qquad (3\text{-}20)$$

则 $\lambda_1 \geqslant \lambda_2 \geqslant \cdots \geqslant \lambda_N \geqslant \lambda_{N+1} \approx \lambda_{N+2} \approx \cdots \approx \lambda_M$ 是 R_x 的 M 个特征值，在一定的信噪比条件下，有 $\lambda_i >> \sigma^2 (i = 1, 2, \cdots, N)$，混合观测信号的自相关矩阵 R_x 的主奇异值数与源信号个数相等。

求得主特征值后，对主特征值 $\lambda_i (i = 1, 2, \cdots, N)$ 进行排序，并取相应的特征向量 $P = [\xi_1, \xi_2, \cdots, \xi_N]^T$，重构新的观测数据矩阵：

$$Z = PX = PAS = HS \qquad (3\text{-}21)$$

新的混合矩阵 H 为一行满秩矩阵，根据主元分析方法，Z 可看作是观测数据 X 的前 N 个主元。

对于新的满秩矩阵，采用正定矩阵盲源分离算法，即可实现盲源分离。

3.3.2 基于稀疏元分析的欠定盲源分离算法

传统盲分离理论建立在假设源信号相互独立基础之上，如独立元分析充分利用源信号之间的独立性，要求传感器数目不少于源信号数目，即 $M \geqslant N$，否则无法实现所有源信号盲分离。然而对于 $M < N$ 的情形，即欠定盲源分离，这时 A^{-1} 不存在，无法直接对系统线性求逆，即使 A^{-1} 已知，源信号的解也不具有唯一性，此时不能采用传统的盲源分离方法进行分析。

稀疏表征是一种有效的信号表征手段，若源信号是稀疏的，在给定的某时刻，源信号就有很大的概率取到非常小的值，则几个源信号在此时刻组成的向量就可能只有一个分量取较大的值，其余的分量均接近零。因此可以把稀疏表征应用到欠定情况下的盲源分离，从而可以解决 ICA 不能解决的难题。例如，Belouchrani 针对离散源信号提出的"最大后验概率"方法、Zibulevsky 的稀疏分解方

法、Lee 和 Lewicki 的超完备基表示（Overcomplete Representation）方法，这些利用稀疏元分析的盲分离方法可以有效地实现欠定混叠盲源分离。

3.3.2.1 稀疏元分析[158]

稀疏元分析是寻找满足 $x = As$ 的关于 A 和 s 的恰当估计，使得 s 尽可能的稀疏，即 s 中尽可能多的元素取值为零，或者说其中的非零元素尽可能的少。Donoho、Li 等采用 l^1 范数测量稀疏性：

$$\min J(A,s) = \min_{A,s} \| s \|^1 = \min_{A,s} \sum_{i=1}^n | s_i |, st : As = x \quad (3\text{-}22)$$

Donoho 等发现：在源 s 比较稀疏的情形下，可以通过求解 l^1 范数优化问题即式（3-22），实现稀疏元分析。

如果源信号充分稀疏，采用稀疏元分析能够实现观测信号数目少于源信号数目的情形下所有源信号被盲分离。当信号在时域中不具备稀疏性，通过傅里叶变换、小波变换或者其他变换，这些信号在变换域中可能会表现出良好的稀疏性，从而在变换域中实现盲分离。

3.3.2.2 混叠矩阵 A 的自然梯度

为了寻求对混叠矩阵 A 的辨识，Lewicki 和 Sejnowski 基于"超完备表示基学习"理论，首次给出了关于混叠矩阵 A 学习梯度的一个近似表示，而且 Lee 和 Lewicki 利用这个近似的学习梯度成功地对 A 进行了辨识，谢胜利等从稀疏元分析代价函数（3-22）出发，导出了混叠矩阵 A 学习梯度：

$$\nabla J(A) = -A(\mathrm{sign}(s) \cdot s^T) \quad (3\text{-}23)$$

3.3.2.3 盲源分离算法

由以上自然梯度，可采用如下的学习规则迭代更新混叠矩阵 A：

$$A^{(k+1)} = A^{(k)} - \mu \nabla J(A^{(k)}) = A^{(k)} - \mu A^{(k)} \cdot \mathrm{sign}(s^{(k)})(s^{(k)})^T$$

$$(3\text{-}24)$$

式中，$\mu > 0$。

式（3-22）如果不添加其他限制，其最终解为 $s \approx 0$，这显然不是我们所要的分离信号。为求得合理的分离信号，常常需要增加一个

约束，常用的约束条件是限制 A 的每个列向量 l^2 范数为 1，即 $\|a_i\| = 1(i = 1, \cdots, n)$。为了满足该约束条件，在迭代更新公式（3-24）中，不直接用自然梯度 $\nabla J(A)$，考虑 $\nabla J(A)$ 在由约束 $\|a_i\| = 1(i = 1, \cdots, n)$ 所确定超平面（hyper-planes）上的投影，其中 $\nabla J(A)$ 的第 i 列 $\nabla J(a_i)$（即 $\nabla J(A) = [\nabla J(a_1), \cdots, \nabla J(a_n)]$）在投影算子 P 作用下的结果为：

$$P_i = I - a_i a_i^T \tag{3-25}$$

或者写成

$$P: \nabla J(a_i) \rightarrow (I - a_i a_i^T) \cdot \nabla J(a_i) \tag{3-26}$$

还可以写成如下约束自然梯度（constraint natural gradient）的形式：

$$\nabla J(A)\big|_{\|a_i = 1, i = 1, \cdots, n\|} = \nabla J(A) - A \cdot \mathrm{diag}(A^T \cdot \nabla J(A))$$

$$\tag{3-27}$$

在实际应用中直接采用自然梯度 $\nabla J(A)$ 与归一化操作，通常就可以取得较好的盲分离效果。

在混叠矩阵 A 已知的情形下，优化问题（3-22）可以简化为求解源信号 s 的如下优化问题：

$$\min_s J(s|A) = \min_s \sum_{i=1}^{n} |s_i|, st: As = x \tag{3-28}$$

可采用最短路径分解方法（shortest path decomposition，SPD）实现快速求解。

欠定混叠稀疏信号盲分离算法可归纳如下。

Step1：对观测信号 x 进行时频变换，并在频域进行稀疏元处理。

Step2：初始化基矩阵 A 为 $A^{(0)}$，使得 $A^{(0)}$ 的每个列向量的模均为 1，设定迭代步长 μ，令 $k = 0$。

Step3：采用最短路径分解方法估计源信号 $\hat{s}^{(k)} = \mathrm{SPD}(A^{(k)}, x)$。

Step4：将 $\hat{s}^{(k)}$ 代入式（3-24），计算约束自然梯度 $\nabla J(A)\big|_{\|a_i = 1, i = 1, \cdots, n\|}$，更新 A 为 $A^{(k+1)}$，令 $k = k + 1$。

Step5：如果收敛，转 Step 6；否则转 Step 3。

Step6：输出源信号的估计 $s^* = \hat{s}^{(k)}$。

3.3.3 自适应盲源分离算法

在排烟风机的故障诊断中，特别是在冶金、建材、矿山等行业恶劣环境下大型设备的检测与诊断中，由于环境与设备状态的原因，设备经常处于亚健康状态运行，通常是多个故障信号源同时混合，甚至故障信号源数目会出现多于传感器的数目。因此，首先采用拓展四阶累积量方法估计信号的源数，通过拓展四阶累积量可以估计出最多 $N \times (N-1)$ 个信号源（ N 为传感器个数）。根据源信号数目 M 与传感器数目 N 的关系，自适应地选择信号盲源分离算法。当 $M = N$ 时，为正定方程，采用固定点迭代的快速神经算法（FASTICA）求解；当 $M > N$ 时，为超定方程，首先进行主元分析，根据主元特征量构造新的观测信号矩阵，再对新的满秩矩阵采用 FASTICA 算法求解；当 $M < N$ 时，为欠定矩阵，采用稀疏元分析的欠定盲源分离算法进行求解。根据分离结果计算性能指标，并判断分离效果，如果性能指标满足设定值，则表示达到分离要求，并且下次盲源分离直接按照本次分离算法进行计算，不再估计信号源数；如果性能指标未达到要求，则认为信源数目发生变化，重新估计信源数，并进行相应的信号盲源分离。自适应盲源分离流程图如图 3-3 所示。

基于源数与传感器关系的自适应盲源分离算法如下。

Step1：观测信号矩阵白化处理。

Step2：计算拓展四阶累积量矩阵及奇异值求解，得到信号源数估计 M。

Step3：根据信号源数 M 与为传感器个数 N 的关系，选择相应的自适应盲源分离算法，当 $M = N$ 时，为正定方程，转 Step4；当 $M > N$ 时，为超定方程，转 Step5；当 $M < N$ 时，为欠定矩阵，转 Step6。

Step4：采用固定点迭代的快速神经算法（FASTICA）求解，转 Step7。

Step5：进行主元分析，根据主元特征量构造新的观测信号矩阵，再对新的满秩矩阵采用 FASTICA 算法求解，转 Step7。

Step6：采用稀疏元分析的欠定盲源分离算法进行求解。

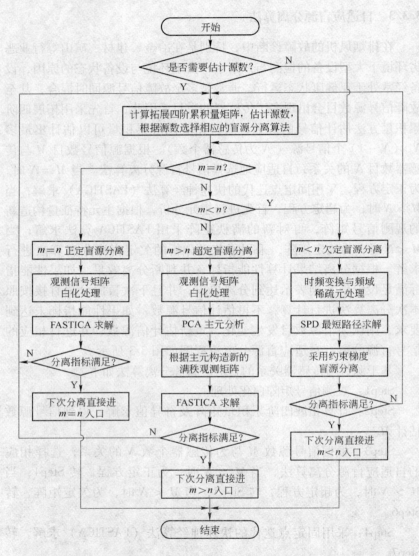

图 3-3　自适应盲源分离流程图

Step7：计算信号分离指标，若满足则结束，否则转 Step2，重新分离。

3.4 盲源分离实验分析

（1）模仿机械故障信号特征的工频与倍频特征构造 4 个故障信号源：

$$s_1(t) = A_1\cos(2\pi \cdot f_1 \cdot t + \beta_1)$$
$$s_2(t) = A_2\cos(2\pi \cdot 0.5 \cdot f_1 \cdot t + \beta_2)$$
$$s_3(t) = A_3\cos(2\pi \cdot 2 \cdot f_1 \cdot t + \beta_3)$$
$$s_4(t) = A_4\cos(2\pi \cdot 4 \cdot f_1 \cdot t + \beta_4)$$

式中，$A_i(i = 1,2,\cdots,4)$ 为信号的调制幅度。

其观测信号采用 4 个传感器接收信号，源信号瞬态混合产生阵元观测信号为：

$$X = AS + N$$

式中，N 为零均值、方差为 1 的高斯白噪声。

其混合矩阵为：

$$A = \begin{bmatrix} 1 & 0.95 & 0.9 & 0.85 \\ 0.68 & 0.6 & 0.75 & 0.8 \\ 0.45 & 0.5 & 0.4 & 0.42 \\ 0.3 & 0.28 & 0.25 & 0.2 \end{bmatrix}$$

源信号 s 波形、混合信号 x 波形及估计信号波形 $\hat{s}$ 如图 3-4 所示。

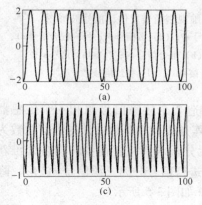

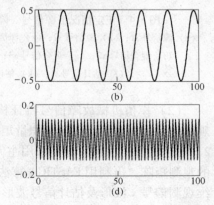

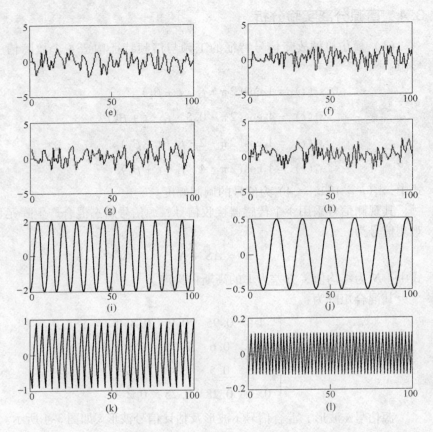

图3-4 正定情况下源信号、降维观测信号及估计信号波形图

（a）源信号 $s1$；（b）源信号 $s2$；（c）源信号 $s3$；（d）源信号 $s4$；（e）混合信号 $x1$；

（f）混合信号 $x2$；（g）混合信号 $x3$；（h）混合信号 $x4$；（i）估计信号 s^1；

（j）估计信号 s^2；（k）估计信号 s^3；（l）估计信号 s^4

（2）模仿机械故障信号特征构造 2 个故障信号源和 4 个传感器观测信号。根据拓展四阶累积量矩阵方法计算源数估计得到信源数为 2，为超定方程求解。首先采用主元分析求解主特征量，构造 2 维新的观测矩阵，再利用 FASTICA 算法进行信号分离。源信号 s 波形、降维观测信号 x 波形及估计信号波形 $\hat{s}$ 如图 3-5 所示。

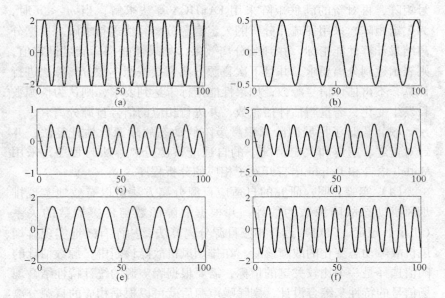

图 3-5　超定情况下源信号、降维观测信号及估计信号波形图

（a）源信号 $s1$；（b）源信号 $s2$；（c）降维观测信号 $x1$；

（d）降维观测信号 $x2$；（e）估计信号 s^1；（f）估计信号 s^2

3.5　本章小结

（1）当故障源数动态变化时，源数估计是一个重要的问题。在排烟风机故障诊断中，安装的传感器数量是固定的，而故障源数是动态的，有时候只有一种故障，而有时候却是多种故障同时发生，甚至故障源数超过了传感器个数。在源数估计算法中，引入了拓展四阶累积量矩阵应用于机械故障诊断的动态故障源数估计。实验证明，当故障源数大于传感器个数时该方法仍然能够有效地估计出故障源数。

（2）针对排烟风机故障源数动态变化的特点，研究了自适应盲源分离算法。根据源信号数目 M 与传感器数目 N 的关系，自适应地选择信号盲源分离算法。当 $M = N$ 时，为正定方程，采用固定点迭代的快速神经算法（FASTICA）求解；当 $M > N$ 时，为超定方程，首先对混合信号进行主元分析，根据主元特征量构造新的降维观测信号矩阵，再对新的满秩矩阵采用 FASTICA 算法求解；当 $m < n$ 时，为欠定矩阵，采用稀疏元分析的欠定盲源分离算法进行求解。根据分离结果计算性能指标，并判断分离效果，如果性能指标满足设定值，则表示达到分离要求，并且下次盲源分离直接按照本次分离算法进行计算，不再估计信号源数；如果性能指标未达到要求，则认为信源数目发生变化，需重新估计信源数，并进行相应的信号盲源分离。

（3）设计了拓展四阶累积量矩阵的动态故障源数估计算法，并针对正定、超定和欠定情况下的自适应盲源分离算法与程序，采用 Matlab 语言和 Delphi 语言开发了相应的分析程序。

（4）实验表明，研究的自适应盲源分离方法可以有效地实现排烟风机动态故障源数的估计，并根据故障源数与传感器数的关系（正定、超定、欠定）选择相应盲源分离算法，从而有效地实现排烟风机故障动态变化的故障诊断。在排烟风机故障诊断中，源数估计的阈值选择是一个比较关键的指标，需要根据噪声源的统计特性结合现场信号的特性来综合设计，剔除噪声源后就可以根据相应的盲源分离算法得到故障信息，同样，本方法也可以应用于其他机械设备运行状态的故障诊断。

4 综合 BP 与 ART2 网络的改进型 神经网络故障诊断方法研究

4.1 神经网络故障诊断的不足

BP 神经网络在许多领域得到了广泛应用[116~122]，通过非线性映射可以投影到任何空间。但是大量文献资料表明 BP 网络存在着一些不能克服的缺陷，如只能对学习过的故障模式有识别能力，对未知的故障模式缺乏调整手段，易出现漏判。BP 网络是有教师学习网络，需要大量的训练样本，即训练样本空间要求完全涵盖系统的故障空间，否则当已经训练好的 BP 网络遇到一个新的非存储的模式时，原有的网络连接权会被打乱，导致已训练的模式信息丢失。由于复杂系统的故障种类较多，系统故障具有不可预料性，因此故障样本的获取因现场数据的缺乏而十分困难，所得到的样本空间很难完全涵盖故障空间。与 BP 网络不同，自适应共振理论（Adaptive Resonance Theory，ART）是无教师学习网络[123~125]，不需要事先知道输入样本的结果。ART 网络在某些方面克服了 BP 网络的缺陷，因此对于任何一个输入模式，如果在已有类别中搜索不到与之类似者，则将其归于新的类别，并不破坏原有分类所确定的网络连接权，保持了网络的稳定性。ART 网络是在一边学习一边回想的过程中工作，新的类别在网络输出层以新的节点表示，实现了在线学习，突出表现了神经网络的可塑性，因而比较适用于复杂系统特别是无法全面了解故障类型的系统的故障分类。但对 ART 自适应共振网络来说，输入特征量越多，系统越复杂，耗费的时间也越长。为了精简系统特征指标，因此，在本书中，综合利用 BP 神经网络和 ART2 自适应共振网络的优点，设计了引入非线性映射的 BP-ART2 神经网络故障诊断系统。

4.2　改进型 BP-ART2 神经网络设计

4.2.1　引入非线性映射的 BP-ART2 神经网络结构设计

随着系统结构日趋复杂，系统故障类别越来越多，反映故障的状态和特征的参数也相应增加。对 ART2 自适应共振网络来说，输入特征量越多，系统越复杂，计算时间也越长。为了精简系统特征指标，借鉴网络的非线性映射思想，将多个特征参数通过非线性映射，精简为较低维的特征空间，这样既充分利用各特征参数的信息，又减少参数数量，从而提高诊断效率，同时，可以充分发挥 BP 神经网络和 ART2 自适应共振网络的优点。很多学者研究了 BP 网络与 ART 网络的并行算法[133,134]，作者综合 BP 神经网络非线性映射与 ART2 自适应共振网络的自振能力，设计了一种新的引入非线性映射隐层的 ART2 神经网络故障诊断系统。

改进型 ART2 神经网络结构设计中，在 ART2 网络输入层增加隐层，实现非线性特征映射，将输入特征量转化为更简洁准确反映信号特性的特征参数，通过多个参数的非线性映射到较低维且更能反映系统特征的指标，减少信号特征数量，从而简化神经网络系统。

非线性映射网络的权值调整策略：将 ART2 网络输出结果的标量形式转换为与输入相似的矢量形式，并求出输出与输入的差值，根据误差反馈采用梯度算法修正非线性映射网络的权值。

增加隐层的改进型 ART2 神经网络结构图如图 4-1 所示，其结构设计如下。

（1）在 ART2 网络输入层中引入非线性映射隐层设计。

在 ART2 网络的输入层引入一个隐层，由这两层神经元构成神经网络（由输入层和输出层组成），实现输入特征到约简特征的非线性映射。该隐层为神经网络的输出层，同时也是 ART2 网络的输入层，由 ART2 网络实现自适应共振。

设输入为 $x_i(i = 1,2,\cdots,n)$，隐层第 q 单元的输出 $o_q(q = 1,2,\cdots,m)$ 为：

$$o_q = f(\Sigma w_{iq}x_i + b_q) \tag{4-1}$$

式中，w_{iq} 为输入层单元 x_i 与隐层单元 o_q 之间的连接权。

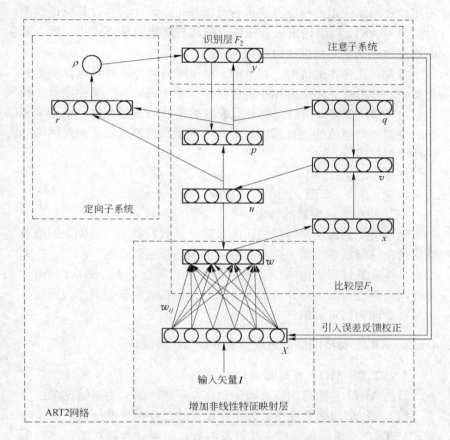

图 4-1 引入隐层的 BP-ART2 神经网络结构框图

通过引入 ART 结构隐层单元实现从输入层空间到隐层空间的非线性映射，隐层的输出值代表输入层原始特征空间的特性。根据特征提取的定义，此时隐层输出值即为特征得到的新特征参数 o_j。

（2）非线性映射权值的调整算法设计。

由于神经网络的权值 $\boldsymbol{w}_{ij}$ 为 $m \times n$ 矩阵、b_i 为 $m \times 1$ 阶向量形式（m 为输入特征信号非线性映射约简后的特征数量，n 为输入信号特征数量），而 ART2 自适应共振神经网络的输出为 J（J 为聚类后所对应的类的序号），因此，计算神经网络输出误差时出现不匹配现象，无法采用神经网络常用的梯度算法进行反馈修正。因此，在计算反馈误差时需要对 ART2 网络输出进行转换，使其与期望向量形式相一致，从而修正神经网络非线性映射权值 w_{ij}、b_i。

首先，在样本训练时，对 ART2 神经网络聚类进行规范，根据各聚类中心分散度原则由大到小进行排序，依次确定各个类的序号。其次，由于 ART2 神经网络聚类所对应的类序号与期望类序号之差 e 表征了分类与期望值的接近程度，因此可根据其误差来修正神经网络非线性映射权值 w_{ij}、b_i。

如果 $e_{i+1} < e_i$，则 $w_{ij} = w_{ij} + \alpha\Delta w_{ij}$，$0 < \alpha < 1$；

如果 $e_{i+1} > e_i$，则 $w_{ij} = w_{ij} - \beta\Delta w_{ij}$，$0 < \beta < \alpha < 1$。

（3）隐层节点数量的确定。

隐层节点数也就是特征约简的数量，其数目就是以 ART2 网络自适应谐振诊断后系统误差最小所对应的最小隐层节点数。

具体运算过程：由 $m = (n - k)(k = 1, \cdots, n - 1)$，依次由 ART2 神经网络聚类诊断，并计算其聚类误差，比较输出误差最小值所对应的节点数即为所求的最佳节点数 m。

4.2.2   ART2 神经网络自适应警戒参数与聚类设计

4.2.2.1   ART2 自适应网络的缺陷

目前 ART2 自适应网络聚类识别存在一些缺陷，主要体现在：

（1）ART2 网络警戒参数为预先设置的，且在聚类过程中固定不变。ART2 在网络训练前指定其警戒参数，而警戒参数对于网络聚类结果具有直接影响。当警戒参数 ρ 值较高时，模式分类比较细致，产生的聚类数目比较多；当警戒参数 ρ 值较低时，模式分类较粗略，网络对差异具备较强的容忍能力，从而产生较少的聚类数目。但过多或过少的类别都不太贴近实际应用习惯，因而警戒参数的设置不能主观随意设置，而应设置在一定的范围内。但经典 ART2 网络并没有设置警戒参数的算法。

（2）警戒参数是全局性变量，对聚类的粒度大小起着统一的调控作用。而在实际应用中，输入样本的空间排列有疏有密，当输入空间某部分密度较高时要求以高警戒参数实现细粒度聚类；而空间另外部分较为稀疏要求以低警戒参数实现粗粒度聚类。因此，要求警戒参数必须在聚类的过程中根据空间密度逐步实现局部化，根据不同的聚类自适应选择不同的警戒参数。

4.2.2.2 ART2 神经网络聚类的改进

针对 ART2 神经网络在聚类识别中存在的问题，设计 ART2 神经网络警戒值的局部自适应调整方法，并对聚类判断指标进行了改进。

（1）ART2 神经网络警戒值的局部自适应调整。

为了使系统具有较强的分类能力，设置局部的警戒参数，即针对每个聚类设置各自的警戒值 ρ_i。警戒值 ρ_i 的调整根据聚类后的结果与期望值相比较，其差值用 E 表示。如果应该归于 i 类而未归入，则 $E = -1$；如果不归于 i 类而聚类于 i 类，则 $E = 1$；否则聚类正确，$E = 0$。局部聚类警戒值 ρ_i 的自适应调整机制为：

$$\rho_i(k+1) = \rho_i(k) + \text{sign}(E) \times (1 - \rho_i(k)) \times \alpha, 0 \leq \alpha \leq 1$$

$$\text{if} \quad \rho_i(k+1) > 1 \quad \text{then} \quad \rho_i(k+1) = \rho_i(k) \tag{4-2}$$

式中，α 代表系统提高警觉的能力。

（2）ART2 网络聚类的双重判断指标。

在 ART2 网络的注意子系统中每个模式类对应一个存储空间，存放该聚类的类内中心 C_I 和聚类半径 R_I：

$$C_I = \frac{1}{m} \sum_{j=1}^{m} X_{ij} \tag{4-3}$$

式中，X_{ij} 表示第 I 类中的样本数据。

$$R_I = \frac{1}{m-1} \sum_{j=1}^{m} \| X_{ij} - C_I \| \tag{4-4}$$

当信号自适应共振时，除警戒值作为判断指标以外，增加输入信号与聚类中心的幅度差 β 作为判断阈值指标：

$$\beta = \| X - C_I \| \tag{4-5}$$

当两个条件同时成立时，才归属到同一个聚类，即

$$\begin{cases} \| r \| > \rho \\ \beta < R_I \end{cases} \tag{4-6}$$

时，聚为同一类。

4.3　改进型 BP-ART2 神经网络故障诊断系统的计算方法

4.3.1　参数及权值初始化

（1）非线性映射网络初始化。

1）非线性隐层结构初始化。非线性隐层由输入层和输出层组成，输出层即为引入的隐层，输入节点为输入特征量 N，输出节点为约简特征变量 m，预设为 $(N-1)$。

2）神经网络连接权值 w_{ij}，b_i 初始化：

$$[w,b] = \mathrm{rands}(m,N)$$

（2）ART2 网络初始化。

$$a,b > 0; \quad 0 \leqslant d \leqslant 1; \quad \frac{cd}{1-d} \leqslant 1;$$

$$0 < \theta \leqslant \frac{1}{\sqrt{M}}; \quad 0 < \rho \leqslant 1; \quad e \leqslant 1$$

F_2 层到 F_1 层的连接权　　$z_{ij}(0) = 0$

p 层到 F_2 层的连接权　　$z_{ji}(0) = u_i/(1-d)$

4.3.2　训练过程的计算步骤

（1）非线性映射层计算。

Step1：由输入特征变量，根据权值、偏置和非线性函数，计算隐层节点的输出。

$$o_q = f(\sum w_{iq}x_i + b_q)$$

（2）ART2 网络诊断聚类识别。

Step2：将所有神经元的输出设为 0，计数器初值设为 1。

Step3：w 层输入向量 i，输出为 $w_i = i_i + au_i$。

Step4：传递信号到 x 层，其输出为 $x_i = \dfrac{w_i}{\parallel w \parallel}$。

Step5：传递信号到 v 层，其输出为 $v_i = f(x_i) + bf(q_i)$。此时由于 $q = 0$，所以第二项 $bf(q_i) = 0$。

Step6：传递信号到 u 层，其输出为 $u_i = \dfrac{v_i}{\parallel v \parallel}$。

Step7：传递信号到 p 层，其输出为 $p_i = u_i + dz_{ij}$。式中 J 为 F_2 层的获胜神经元，如果 F_2 层没有被激活，则 $p_i = u_i$；同样，如果网络处于初始状态，则 $p_i = u_i$。

Step8：传递信号到 q 层，其输出为 $q_i = \dfrac{p_i}{\parallel p \parallel}$。

Step9：重复 Step3 ~ Step8，直到 F_1 层稳定。

Step10：计算 r 层输出。

$$r = \frac{u + cp}{\parallel u \parallel + c \parallel p \parallel}$$

（3）自适应局部聚类结果比较。

Step11：r 与每一聚类警戒阈值 ρ_i 相比较。

Step12：计算信号与聚类中心幅度相比较。

Step13：如果聚类为同一类，则向 F_2 层送出一个重整信号，把当前激活的 F_2 层神经元排除，计数器置为 1，返回 Step3；如果无重整，且计数器为 1，则计数器加 1 并执行 Step14；如果无重整且计数器大于 1，则执行 Step17，此时网络已达到共振。

Step14：将 p 层输出输入到 F_2 层，计算 F_2 的输入。

$$T_j = \sum_{i=1}^{M} p_i z_{ji}$$

Step15：只有获胜神经元才为非零输出。

$$g(T_i) = \begin{cases} dT_i = \max\{T_k\} \\ 0 \quad \text{其他} \end{cases}$$

Step16：重复 Step7 ~ Step11。

Step17：修改 F_2 层获胜神经元的从下到上的权值。

$$z_{ji} = \frac{u_i}{1 - d}$$

Step18：修改 F_2 层获胜神经元的从上到下的权值。

$$z_{ij} = \frac{u_i}{1 - d}$$

Step19：自适应警戒阈值的调整。

（4）根据系统输出误差 E 修改分线性映射权值。

Step20：计算 ART2 神经聚类所对应的序号 J 与期望类序号之差 e。

Step21：根据误差 e 来修正神经网络非线性映射权值 w_{ij}、b_i。如果误差达到所要求的范围或循环次数溢出时则结束，转 Step21；否则转 Step1，重复修正神经网络权值直到收敛。

（5）隐层节点数目的循环计算。

Step22：记录最终的输出误差 e 和隐层节点数 m，依次将节点数减 1，即隐层节点数为 $k - 1(k = N - 1, \cdots 1)$，转 Step1，重新计算新的神经网络，直到 $k = 1$ 后结束。

Step23：比较不同隐层节点数 k 下的系统输出误差 e，选择最小误差 E 所对应的 m 为最佳隐层节点数，在训练完成后的计算过程中直接利用该改进的 ART2 神经网络模型进行诊断。至此，训练过程结束。

4.3.3　诊断过程计算步骤

Step24：由输入特征变量，根据训练过程所得的非线性映射的隐层节点数、连接权值、非线性转移函数，计算约简特征输出。

Step25：按照 Step2 ~ Step19，计算 ART2 网络自适应谐振聚类，输出结果即为 ART2 神经网络诊断输出。

4.4　实验分析

根据排烟风机故障机理，对振动信号提取相应的特征参数，每类参数选取相应的故障报警值或极值进行归一化处理。

（1）时域特征参数：烈度、有效值、峰峰值、标准差、偏态指标、峭度指标、脉冲指数、奇异值数。

（2）频域特征参数：$0.5 \times f_0$、f_0、$2 \times f_0$、$3 \times f_0$、$4 \times f_0$、$5 \times f_0$。

（3）滚动轴承故障特征参数：内圈故障频率、外圈故障频率、滚柱故障频率、保持架故障频率。

（4）电机电磁故障的振动特征参数：$2 \times f_n$、$4 \times f_n$、$6 \times f_n$、故障频率与负载的关系、故障频率与切断电源的关系。

（5）转子故障的敏感参数：振动稳定性、振动方向、轴心轨迹、振动随转速的关系、振动随负荷的关系、振动随油温的关系、振动随压力的关系。

将敏感参数的语言表述分别转换为映射矩阵，表 4-1 为轴心轨迹映射矩阵，表 4-2 为敏感参数映射矩阵。

表 4-1　轴心轨迹映射矩阵

故障类别	椭圆	8字形	紊乱	双椭圆	不规则	扩散
不平衡	1	0	0	0	0	0
不对中	0	1	0	0	0	0
转子弯曲	1	0	0	0	0	0
支座松动	0	0	1	0	0	0
横向裂纹	0	0	0	1	1	0
碰摩	0	0	0	0	0	1

表 4-2　敏感参数映射矩阵

故障类别	振动稳定性	轴向振动方向	振动随转速	振动随负荷	振动随油温	振动随压力	故障频率随切断电源
不平衡	1	0	1	0	0	0	0
不对中	1	1	1	1	1	1	0
转子弯曲	1	0	1	0	0	0	0
支座松动	0	0	0	0	0	0	0
横向裂纹	0	1	1	1	0	0	0
碰摩	0	0	0	0	1	0	0
电机故障	0	0	0	1	0	0	1

　　将排烟风机典型故障按照上述特征提取并归一化后，得到各种典型故障及所对应的 30 个特征量，如表 4-3 所示。

表 4-3　排烟风机典型故障样本

特征 \ 故障	1	2	3	4	5	6	7	8	9	10	11	12	13	14	15
1	0.4	0.5	0.6	0.6	0.46	0.6	0.1	0	1	0.07	0.07	0	0	0.004	0.003
2	0.3	0.4	0.54	0.43	0.54	0.45	0.07	0	0.8	1	0.2	0	0	0.006	0.002
3	0.38	0.49	0.61	0.63	0.45	0.54	0.1	0	1	0.56	0.5	0.28	0	0.008	0.004
4	0.52	0.63	0.76	0.42	0.76	0.6	0.25	0.2	1	0.6	0.4	0.4	0.3	0.01	0.007
5	0.24	0.35	0.35	0.34	0.3	0.4	0.1	0.5	1	0.2	0.22	0.2	0.2	0.007	0.005
6	0.53	0.46	0.52	0.67	0.73	0.5	0.4	1	0.55	0.5	1	0.45	0.45	0.02	0.008
7	0.18	0.2	0.3	0.43	0.45	0.43	0.1	1	0.55	0.5	1	0.45	0.45	0.003	0.002

特征 \ 故障	16	17	18	19	20	21	22	23	24	25	26	27	28	29	30
1	0.006	0.001	1	0	0	0	0	0	0	1	1	0	0	0	0
2	0.005	0.003	0	1	0	0	0	0	1	1	1	1	1	1	0
3	0.007	0.002	1	0	0	0	0	0	0	1	1	0	0	0	0
4	0.009	0.004	0	0	0	0	0	0	0	1	1	0	0	0	0
5	0.008	0.003	0	0	0	1	1	0	0	1	1	1	0	0	0
6	0.01	0.007	0	0	0	0	0	1	0	0	0	0	0	0	0
7	0.004	0.001	0	0	0	0	0	0	0	0	0	1	0	0	1

　　将隐层节点数目首先设置为 $N-1$，采用改进型 ART2 神经网络故障诊断系统进行诊断，计算运行时间与故障诊断结果，然后依次将隐层节点数减 1，重新计算系统诊断结果，最后根据运行效果最佳与运行时间适中的隐层节点，可求得相应的权值向量和输出特征向量，如表 4-4 所示为隐层节点数为 8 所对应的特征量。

表 4-4　隐层节点 $m = 8$ 时对应的特征量

特征\故障	1	2	3	4	5	6	7	8
1	0.9563	0.8133	−0.2644	−0.7921	−0.7347	−0.9694	0.7894	0.2362
2	0.9592	0.8773	−0.1705	−0.3958	0.6977	−0.1078	−0.2582	0.5634
3	0.9287	0.9023	0.2010	−0.4142	−0.7035	−0.9653	0.5013	0.6660
4	−0.6708	0.4717	0.9856	0.8670	−0..4730	−0.9893	0.9430	0.4804
5	0.7872	0.9396	0.7885	−0.9911	0.8469	−0.9680	0.0293	0.1578
6	−0.9829	−0.1542	0.9524	−0.6562	0.0550	−0.9971	−0.9208	−0.6453
7	−0.6591	0.4544	0.4487	0.3257	0.2509	−0.9132	−0.8752	−0.7257

　　实验表明，当输入特征量为 30 时采用隐层节点数为 8 的改进型 ART2 神经网络故障诊断系统进行诊断，具有良好的诊断效果。

4.5　本章小结

　　（1）BP 神经网络可以实现非线性映射故障诊断，但只对学习过的故障模式具有识别能力，对未知的故障模式缺乏调整手段；而 ART2 自适应共振网络在故障诊断中具有良好的故障聚类，并且对新的故障能够增加不同的聚类，可以实现良好的故障识别能力，但是当输入信号特征量太多特别是考虑全部特征量时，ART2 网络耗时长而不能应用于在线诊断。针对以上特点，本书提出了综合二者优点的改进型 BP-ART2 神经网络故障诊断方法。

　　（2）在改进型 BP-ART2 神经网络结构设计中，对 ART2 自适应共振网络的结构进行了如下改进：在 ART2 网络输入层增加非线性映射隐层，通过非线性映射，将输入层的多个特征值映射到较低维的新特征层，从而提高 ART2 神经网络的诊断效率。

　　（3）根据 BP 神经网络误差反馈原理，由 ART2 自适应共振网络的输出误差来反馈修正输入层与隐层之间的权值，但由于神经网络的权值 w_{ij}、b_i 为矢量形式，而 ART2 自适应共振神经网络的输出为标量 J（J 为聚类后所对应的类的序号），因此，计算神经网络输出误差时出现不匹配现象，无法采用神经网络常用的梯度算法进行反馈修正。

因此，在计算反馈误差时需要对 ART2 网络输出进行改进，将输出误差标量转换为与期望向量形式一致的矢量形式，从而修正神经网络非线性映射权值。在样本训练时，对 ART2 神经网络聚类进行规范，根据各聚类中心分散度原则由大到小进行排序，依次确定各个类的序号，由 ART2 神经网络聚类所对应的类序号与期望类序号之差 e 表征分类与期望值的接近程度，根据其误差来修正神经网络非线性映射权值 w_{ij}、b_i。

（4）传统 ART2 神经网络聚类中采用统一的警戒阈值 ρ，当故障分布不均匀时会出现聚类误判，因此，为了增强系统的分类能力，提出了 ART2 神经网络警戒阈值的局部自适应调整算法，即对每个聚类设置各自的警戒阈值 ρ_i，根据聚类后的结果与期望值相比较来设置相应的阈值；除了警戒阈值作为判断指标以外，将输入信号与相应聚类中心的幅度差作为判断阈值的另一个指标，实现双重聚类指标评判，当两个指标同时满足时，确定聚类成功。

5 黑板型多专家机电融合故障诊断方法研究

5.1 多专家诊断问题的提出

专家系统（Expert System）是人工智能应用领域研究最活跃的一个分支[168~170]，专家系统的创始人 Feigen Baum 定义专家系统为："专家系统是一个运用知识和推理步骤来解决只有人类专家才能解决的复杂问题的智能计算机程序系统。"

20 世纪 60 年代专家系统理论研究和实践探索开始美国 Stanford 大学的人工智能专家 1969 年研制了根据有机化合物的分子结构式和质谱图判断分子结构的化学专家系统 DENDRAL，开创了专家系统应用的先例。1977 年 Shortliffe、Bachanan 等设计了用于医疗诊断的著名专家系统 MYCIN。该系统的主要特点是采用了逆向推理的控制策略，并在规则及推理过程中引入可信度概念从而实现了不确定性推理，其因此成为专家系统研制的典范。Stanford 研究所开发的矿物资源勘探的专家系统 PROSPECTOR，采用了推理网络和基于概率表示知识的不精确模型。麻省理工学院（MIT）开发的用于求解数学分析问题的专家系统 MACSYMA 至今还被广为应用。

20 世纪 80 年代专家系统的研究由个别专家系统的研制转到一类专家系统的研究，即开发工具（Expert System Tool）的研制，使专家系统的开发由手工作业方式转为半自动、自动化的批量生产方式。20 世纪 90 年代以来，作为综合性很强的边缘学科的专家系统在基础理论和实用技术方面得到进一步的发展，这充分显示出专家系统的强大生命力和广泛的实用性。

当前旋转机械故障诊断系统，都只是针对不同的故障开发了独立的诊断模块，如美国本特利公司的 DM2000 旋转机械故障诊断系统的转子故障诊断模块；伊麦特公司的 EMT690 设备故障综合诊断系统包括了转子故障诊断模块、异步电机诊断模块、动平衡分析模块三个故障诊断模块。这些专家诊断系统都是在单一领域进行诊断,因此,在具体的现场应用中存在很大的局限性,特别是应用于现场环境恶劣的排烟风机,造成诊断结果可信度较低。因此,如何提高排烟风机的故障诊断的可靠性,成为了一个亟待解决的问题。本章针对排烟风机时域故障诊断、频域故障诊断、机械故障诊断与电气故障诊断的特点,并结合排烟风机的电机与风机通过刚性联轴器连接,其机械与电气故障相互传递,研究了综合多种诊断方法实现时域诊断与频域诊断相融合、机械信号诊断与电气信号诊断相融合的黑板型多专家机电融合故障诊断方法。

5.2　排烟风机故障诊断的黑板型多专家融合系统结构设计

随着大型机电系统日趋复杂,其故障表现也越来越复杂。采用专家系统诊断时,往往需要把专家的知识模块化,组成多个分属不同范围的子专家系统,由不同的专家来合作协同解决问题。黑板结构是模拟一组专家,对于同一个问题或者一个问题的各个方面,每一位专家都根据自己的专业经验提出自己的看法并写在黑板上,其他专家都能看到和使用其他专家的观点和结论,相互探讨,共同解决这个问题。黑板结构的特点就是建立一个结构化的公共数据区,使各子系统在解决问题时的信息交换通过该公共的数据区来进行。随着各种现代信号处理方法的研究,故障诊断通过融合多种诊断方法综合分析各种现场数据,从而得到机电系统的正确评价与故障的精确诊断。因此,采用基于黑板型多专家协同诊断的融合专家系统有利于复杂机电系统的故障诊断。

排烟风机多专家故障诊断系统由黑板、数据库、知识源和监督控制机制组成,数据库主要用于存放排烟风机的基本参数和检测信号的特征参数。数据表1存储排烟风机的基本参数,如额定功率、运行频率、额定电流、转子固有频率等;数据表2存储时域特征参数和频域特征参数;数据表3存储诊断方法表;数据表4存储故障类型表等。诊断方法表主要存储故障诊断方法、维护措施等,故障类型表则存放故障各种类型所对应的包括故障机理、表现形式、可能发生部位等专家经验知识等。建立一个动态数据表存储各专家子系统分析过程中产生的一些中间推理结论，动态数据库在运行时产生，程序结束时删除。另外，建立诊断记录表，用于存储每次分析结论，包括故障性质、可能的故障部位、实际故障等。这不仅可使运行人员详细了解排烟风机的运行状况，而且可使设计人员根据专家系统给出的故障性质和实际检修结论不断完善系统。

排烟风机多专家诊断系统知识库由众多的知识源构成，这些知识源分为两类：一类是关于机械信息检测与诊断，反映排烟风机故障机理、故障特征与故障类型关系的知识，如振动加速度、速度、位移、轴位移、轴承温度以及工艺参数等的时域与频域专家诊断；另一类是关于电气信息检测与诊断，反映电动机故障机理、故障特征与故障类型关系的知识，如电流幅值、相位、电流频谱特征等的时域与频域专家诊断。由于电动机的电气诊断与机械振动检测通过电磁耦合，电动机与风机通过刚性连接，其电气故障与机械振动相互传递，因此，电流诊断与机械诊断存在相互耦合关系。专家系统利用知识源来修改黑板上的当前信息，各知识源共同求出问题的解，每个知识源都存在激活条件，只有当该激活条件满足时，该知识源才能修改黑板。

排烟风机多专家诊断系统中黑板是一个全局数据库，是用来存储数据、信息和处理方法的数据库。整个黑板分成若干个信息层，记录知识源所需要的信息和产生的假说，能提供给所有的知识源共享，各知识源所利用和修改的数据分别放在黑板的不同层次上，下层的信息经过相应的知识源处理后的结果，放入黑板的上一层中，由调度程序激发上一层知识源进行处理，最后在黑板的最顶层得到排烟风机综合故障诊断结论。

排烟风机多专家诊断系统黑板模型的信息层设计如表 5-1 所示，结构如图 5-1 所示。黑板控制机制负责监视黑板上信息变化状态，并不断检查各知识源的前提。一旦某个知识源的前提成立，则激活该知识源，执行其动作部分，引起黑板上信息的变化。控制机制依据新的信息又可以激活其他知识源，如此循环，直到出现完整解。

表 5-1 多专家机电融合黑板模型的信息层设计

信息层	触发条件	输入参数	诊 断 方 法	输 出 结 果
1	机械信号初始诊断	数据库映射的机械信号时域特征值	时域参数幅值及增量与国家标准报警值及运行经验设置值相比较	时域信息融合诊断的结果、故障表现参数及变化量、故障概率及进一步诊断方法
2	时域诊断报警	数据库映射的机械信号频域特征值	风机特征频率模糊诊断法、特征频率得分表融合诊断法、滚动轴承故障频谱分析、转子固有频率频谱分析以及电动机电气故障所对应的振动特征分析	频域信息融合诊断的结果、故障表现参数及变化量、故障概率及进一步诊断方法
3	机械信号时域或频域故障报警	机械信号时域与频域故障诊断结果	时域与频域诊断故障印证，增强故障权值与概率	机械信号的时域诊断与频域故障诊断结果相融合、给出故障概率及进一步诊断方法
4	时域或频域故障报警	时域与频域故障诊断结果	根据信号故障概率与权值强弱以及传感器空间位置关系判断故障大致位置	机械信号的空间融合故障位置结果
5	电气信号初始诊断或机械振动诊断出电气故障	数据库映射的电气信号时域特征值	根据电流信号幅值与相位，以及三相电流之间的关系诊断电气时域故障	电流时域信息融合诊断的结果、故障概率及进一步诊断方法
6	电气时域诊断故障报警或机械振动诊断出电气故障	数据库映射的电气信号频域特征值	电气故障的电流频谱模糊诊断法、特征频谱幅值对比诊断法，以及风机机械故障的电流特征频谱分析	电气故障频域信息融合故障诊断的结果、故障概率及进一步诊断方法
7	电气信号时域或频域故障报警	电气信号时域与频域故障诊断结果	时域与频域诊断故障印证，增强故障权值与概率	电气信号的时域诊断与频域故障诊断结果相融合、给出故障概率及进一步诊断方法
8	机械与电气诊断故障报警	机械信号融合结果与电气信号融合诊断结果	机械与电气诊断故障印证，增强故障权值与概率	机械信号故障诊断与电气信号故障诊断结果融合、给出故障概率

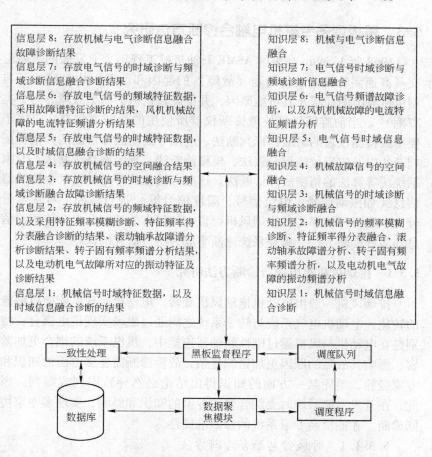

图 5-1 排烟风机多专家协同诊断黑板模型结构

　　排烟风机综合诊断采用目标性原则，在实际诊断中总有一般性的诊断先后顺序，调度程序一般固定执行该序列，但也存在由于条件不全、信息量少的特殊情况。这时调度程序将根据数据库内容以及黑板上的当前信息动态选择一种能充分利用现有信息的知识源优先执行，然后再由解释机制向用户提出需要哪些参数才能确诊的要求。调度程序控制整个系统的运行，它利用系统所具有的知识根据一定的策略进行诊断推理，最后得出结论。

5.3 黑板型多专家机电融合诊断方法研究

1968 年 J. Sohre 在美国 ASME 石油机械工程年会上发表的著名论文《高速涡轮机械运行问题（故障）的起因和治理》中，描述了典型机械故障的征状及其可能原因，并把旋转机械的典型故障分为 9 类 37 种[7]。当前旋转机械故障诊断仪器所使用的诊断方法有：应用于便携式检测仪表的时域指标判断法、应用于简易故障诊断的频谱特征判断法以及应用故障得分表法、模糊诊断法、神经网络诊断法、专家系统法等算法的精密故障诊断法。这些方法往往都是针对某个传感器信息（如振动信号、电流信号、温度信号等）进行诊断。对灰尘量较大、运行环境恶劣的排烟风机而言，如何有效地综合多个传感器信息和多种诊断方法，提高系统诊断率成为亟待研究的课题。

5.3.1 排烟风机机电融合诊断方法研究

排烟风机一般由电动机拖动风机旋转，电动机实现电能向机械能的转化，电动机电气系统与转子系统之间通过磁场实现机电耦合，特别是在电动机与风机通过刚性联轴器连接中，机电系统的耦合更加紧密，影响其故障的原因更加错综复杂，故障诊断需要多方面的知识和专家经验，单凭某一方面的知识得出结论必然导致误判或漏判。因此，在开发专家系统时要综合多位专家的知识和经验，实现多专家协同诊断，才能提高专家系统的诊断准确性。

5.3.1.1 时域信息融合诊断方法

在旋转机械故障诊断中，时域指标判断是设备运行状态判断的最基本最简单的报警方式，例如，振动信号的加速度和位移的峰峰值与有效值、烈度、标准差、偏态指标、峭度指标、脉冲指数、奇异值数指标等，对描述设备的运行状态具有很好的作用。国际标准为不同频率的旋转机械给出了相应的振动烈度的判断标准，很多设备生产厂家根据设备的结构与运行频率的特点给出了设备运行状态判断阈值，有的以烈度方式，有的以振动加速度的峰峰值，而有的以振动位移的峰峰值为标准。如在中国铝业公司的烧结回转窑所用的排烟风机（风机型号：JS107 107），其判断标准采用振动位移的峰峰值，其报警值

为 $40\mu m$，预报警值为 $30\mu m$。

根据排烟风机安装的各传感器特点，对各传感器信号进行相应的时域诊断。

（1）机械振动信号的时域信息融合。排烟风机系统的运行故障通过旋转机构传递到转子轴与轴承座，从而引起振动信号的变化。

1）根据信号时域指标判断系统运行状态，得到系统健康状况。如果系统处于良好状态区域，则间隔较长周期运行一次精密诊断；如果系统处于亚健康期，则以较短周期每次均运行精密诊断；如果系统处于劣化状态区域，报警并运行精密故障诊断。

2）判断信号随敏感参数的变化情况。排烟风机不同故障随敏感参数的反应不尽相同，如不平衡故障随转速变化明显、不对中故障随转速和负载变化明显、支撑松动随转速很敏感等。振动信号随敏感参数变化情况虽然不能直接判断故障，但是对故障诊断是一个有益的补充。

3）根据轴振动的电涡流位移传感器信号，提取轴心轨迹，从而辅助诊断系统故障，如不平衡故障的轴心轨迹为椭圆、不对中的轴心轨迹为"8"字形、支撑松动的轴心轨迹紊乱。轴心轨迹和轴振动波形是一个很重要的诊断参数，被很多大型企业应用作为旋转机械故障诊断的手段，如本特利公司的汽轮机故障诊断系统就是一个典型的实例。

4）参考轴承温度判断系统故障。当转子振动增大时，特别是滚动轴承发生故障时，将引起轴承温度升高，从而可以有效地辅助诊断系统故障。

以上四个时域诊断方法利用传感器不同的信号特征，通过融合不同的时域诊断方法，从不同角度实现互补诊断。时域融合诊断步骤如下。

Step1：采用四种时域诊断方法根据相应的时域特征参数进行诊断，求得相应的诊断结果。其中，时域指标判断与轴承温度判断为标量形式，而随敏感参数变化与轴心轨迹诊断结果为对应故障的矢量形式。

Step2：根据各诊断方法对故障诊断的权值矩阵，计算各诊断结果的矢量乘积。首先计算敏感参数变化与轴心轨迹诊断结果与各自权值矩阵相乘，并点乘转化为标量形式，并将时域指标判断与轴承温度判断结果与相应权值相乘，得到时域融合结果。

Step3：根据融合结果触发报警与其他诊断方法。

（2）电流信号的时域信息融合。电流信号直接反映了电动机电气运行状态，电动机的转子断条、定子线圈短路、气隙偏心等故障均会在电流波形中反映出来，同时，风机转子与电动机转子的机械故障通过振动会引起电动机转子在运行中的气隙的波动变化，从而也会引起电流波形的变化。因此，通过分析电动机定子电流，可以得出电动机运行状态相关信息。电流时域特征包括三相绕组的幅值信息和相位信息，通过计算三相对称绕组的信息，可以判断电动机运行是否正常。同时，幅值信息与负载有关，因此，要与负载情况进行协调分析。

5.3.1.2　频域信息融合诊断方法

频谱故障诊断是旋转机械应用最经典最广泛的诊断方法。许多学者研究了典型故障的频谱特征并建立了相应的故障库，在故障诊断中发挥了重要作用。

A　采用频谱得分表法诊断系统故障

许多学者在深入研究旋转机械的振动机理的基础上，对各种故障频谱域特征做了大量的研究工作，将各种故障同相应的频谱图及其概率分布进行统计、归纳和对比，总结出了"征兆表"和"得分表"。在参考旋转机械典型故障特征的基础上，排烟风机常见故障类型和特征频谱总结与归纳如表 5-2 所示。

根据振动信号波形，避免傅里叶变换在整个时域进行时频变换所带来的误差，采用改进小波分解算法将信号分解到多个频段，计算相应的频谱特征，并对各特征频谱幅值进行归一化，并与故障得分表不同故障所对应的特征矢量相乘，得分最高的即为所诊断的故障。如提取轴承座水平振动信号频谱归一化特征矢量为 $X = [0.65, 1, 0.32, 0.02, 0.05, 0.1, 0.01]$，与得分表各矢量相乘，诊断结果概率为 ｛转子不对中 1.58，转轴裂纹 1.51，转子碰摩 1.40，不平衡 0.74｝。

表5-2 排烟风机故障类型与特征频谱得分表

故障类型 \ 特征频谱	f	$2f$	$3f$	$4f$	$5f$	$1/2f$	固有频率
不平衡	1	0.07	0.07	0	0	0	0
不对中	0.8	1	0.2	0	0	0	0
转子碰摩	1	0.5	0.55	0.3	0.5	0.45	
转轴裂纹	0.5	1	0.56	0.28	0	0	0
轴承松动	0	0	0.21	0.21	0.21	1	
支承松动	0.42	0	0.37	0	0	1	
失 稳	0.18	0	0	0	0	0	1

B 采用特征频谱模糊诊断法诊断系统故障

根据计算的信号频谱特征，模仿诊断专家对特征频谱进行诊断。首先分析频谱幅值最大值，并根据现场运行经验设置相应的预报警与报警阈值，当进入预报警区域时，应重点诊断。模糊诊断法对每类特征参数从 0~1 分为极小、较小、中、较大、极大五个区域，并采用模糊隶属度概率函数（见图5-2）表征，模仿诊断专家来诊断故障。例如，提取轴承座水平振动信号频谱归一化特征矢量为 $X = [1, 0.1, 0.08, 0.02, 0.05, 0.1, 0.01]$，模糊化特征矢量为 {一倍频极大，其余频谱幅值极小}，则可诊断为转子不平衡故障。

C 滚动轴承故障频谱分析

滚动轴承的振动频率十分丰富，既含有低频成分，又含有高频成分，而且每一个特定的故障部位有特定的频率成分。滚动轴承发生故障时，判断轴承构件在运行中的

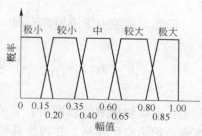

图5-2 模糊隶属度函数分布

特征频率是轴承故障诊断的可靠判据。根据排烟风机的滚动轴承参数，可求得滚动轴承的特征频率。

型号双列圆柱调心滚子轴承 22338

内径　　$d_0 = 190\text{mm}$

宽度　　$B = 132\text{mm}$

滚柱接触角　　$\alpha = 15°$

外径　　$D_0 = 400\text{mm}$

节径　　$D = 295\text{mm}$

滚柱单列个数　　$Z = 17$

滚柱节圆处直径　　$d = 54\text{mm}$

根据滚动轴承故障频率计算公式，可得：

内圈旋转频率

$$f_i = Zf_0\left(1 + \frac{d}{D}\cos\alpha\right)\bigg/2 = 0.5884Zf_0 = 122.53\text{Hz}$$

外圈旋转频率

$$f_o = Zf_0\left(1 - \frac{d}{D}\cos\alpha\right)\bigg/2 = 0.4116Zf_0 = 85.68\text{Hz}$$

滚动体转动频率

$$f_b = Zf_0\frac{E}{d}\left(1 - \left(\frac{d}{E}\right)^2\cos^2\alpha\right)\bigg/2 = 0.412Zf_0 = 85.8\text{Hz}$$

局部剥落或内滚道局部不圆

$$f_c = f_0\left(1 - \frac{d}{D}\cos\alpha\right)\bigg/2 = 0.4116f_0 = 5.04\text{Hz}$$

在滚动轴承故障诊断时，首先采用改进小波分析与 FFT 分析求解滚动轴承特征频率，并判断其频谱幅值，从而判断滚动轴承是否发生故障。

D 电动机电气故障的振动频谱诊断

排烟风机动力机构异步电动机参数为：

型号　JSQ1510-8

功率　475kW

额定电压　6kV

额定转速　735r/min

转差率　1.56%

（1）定子绕组故障的电磁振动。定子绕组发生故障时，定子绕组不对称产生空间高次谐波，气隙磁通与定子槽内绕组中的电流互作用在电动机铁芯和其他结构件中产生附加振动。旋转磁场的磁极产生的电磁拉力每转动一圈，交变 p 次。电磁振动在空间位置和旋转磁场同步。定子电磁振动频率为旋转磁场频率（f/p）和电动力极数（$2p$）的乘积 $2f$，即 2 倍电源频率。

定子电磁振动的特征是：

1）振动频率为电源频率的 2 倍，即 100Hz；

2）切断电源，电磁振荡立即消失。

（2）气隙偏心的电磁振动。气隙偏心时，不对称磁场将产生不平衡的磁拉力，引起定子铁芯的振动，作用在铁芯上的力引起铁芯表面同频率的振动。因此，定子表面的振动信号中包含静偏心或动偏心故障频率特征分量。

$$f_{sv} = \left[(n_{rt}R \pm n_{dc})(1-s)/p \pm 2n_{aa} \pm n_w \right]f \tag{5-1}$$

一般取 $n_{rt} = 0$、1，$n_{dc} = 0$、1，$n_{aa} = 0$，$n_w = 0$、2、$4\cdots$。

1）当 $n_{rt} = 0$、$n_{dc} = 1$ 时为低频动偏心分量

$$f_{sv} = \left[2k \pm (1-s)/p \right]f = 2kf \pm f_r, \quad k = 0,1,2\cdots \tag{5-2}$$

2）当 $n_{rt} = 1$、$n_{dc} = 1$ 时为高频动偏心分量

$$f_{sv} = \left[(R \pm 1)(1-s)/p \pm 2k \right]f = (R \pm 1)f_r \pm 2kf$$

$$k = 0,1,2\cdots \tag{5-3}$$

　　3）当 $n_{rt} = 1$、$n_{dc} = 0$ 时为静偏心分量

$$f_{sv} = [R(1-s)/p \pm 2k]f = Rf_r \pm 2kf \quad k = 0,1,2\cdots \quad (5-4)$$

式中，f_r 为转子旋转频率；$Rf_r \pm 2kf$ 为槽谐波；R 为转子导条数。

　　静态气隙偏心产生的电磁振动特征是：

　　1）电磁振动频率是电源频率 f 的 2 倍，即 $2f$；

　　2）振动随偏心值和负载的增大而增加。

　　气隙动态偏心产生电磁振动的特征是：

　　1）转子旋转频率和旋转磁场同步转速频率的电磁振动都可能出现；

　　2）电磁振动以 $1/(2sf)$ 为脉动周期；

　　3）电动机发生与脉动节拍相一致的电磁噪声。

　　（3）转子断条故障的电磁振动。笼型异步电动机因笼条断裂、绕线型异步电动机由于转子回路电气不平衡、都将产生不平衡电磁力。该电磁力 F 随转子一起旋转，在转子绕组故障处电流无法流过，在该处产生不平衡电磁力。假设电动机转子 A 点发生故障，旋转磁场在 A 点追上转子时，磁场强度发生变化，因此，其负荷电流就发生 $1/(2sf)$ 的节拍脉振，并在定子一次电流中，也将感应出 $2sf$ 为节拍的脉动波形。

　　转子绕组异常引起的电磁振动的特征：

　　1）电动机振动随负载增加而增大；

　　2）对电动机定子电流波形或振动波形作频谱分析，在频谱图中，基频两侧出现 $\pm 2sf$ 的边频，根据边频与基频幅值之间的关系，可判断故障的程度。

　　在采用振动信号诊断电动机电气故障时，首先采用改进小波分析与 FFT 分析求解电磁振动特征频率，并判断其频谱幅值，从而判断电动机是否发生故障。

　　E　电动机电气故障的电流频谱分析

　　定子电流的频谱分析是诊断交流电动机故障的有效方法，通过定子电流的频谱分析可以诊断交流电动机绕组的断条、静态气隙偏心、动态气隙偏心和机械不平衡等故障。

（1）电动机笼条断裂的电流频谱诊断。理想的异步电动机定子电流的频谱是单一的，即电源频率。但是当转子回路出现故障时，定子电流频谱图上，在与电源频率相差二倍转差频率（±2sf）的位置上将各出现一个旁频带，这一现象已被英国 Hargis 等学者的理论所推论证实。当鼠笼转子发生断条故障时，在定子绕组中感应的电流频率为 $f' = [v(1 - s) \pm s]f$，由于电动机绕组结构的关系，仅有 $v = 1, 5, 7, 11, 13 \cdots$ 所对应的频率出现在定子电流中。当 $v = 1$ 时，定子电流中含有 f, $(1 - 2s)f$ 频率分量。实践和理论上证明，当异步电动机笼型绕组断条时，定子电流中围绕基频将出现频率为 $(1 - 2s)f$ 的边频，从边频幅值以及它与基频电流幅值的比值大小，可以推断出断裂笼条的估计数。下边带 $(1 - 2s)f$ 的幅值对电网频率分量幅值之比可以直接指明转子的损坏程度，亦即 50Hz 分量与边带分量的 dB 差。

（2）气隙偏心的电流频谱诊断。当气隙发生偏心时，在交变磁场内，减小气隙使该气隙处磁阻与磁通路径相对减小，产生较强的吸力，而电动机的相对侧气隙增大，该处的磁阻增大，导致磁通减小，磁拉力减小，从而产生不平衡的磁拉力和运动。气隙偏心将导致沿气隙圆周方向的磁导不均匀，造成气隙磁场的不对称分布，并在定子电流中以谐波形式反映出来。气隙偏心引起的电流频谱与振动频谱的特征一致，通过定子电流频谱分析，能够鉴别出其特征频谱成分。

（3）定子绕组匝间短路的频谱分析。定子绕组匝间短路时，绕组内部不对称，气隙磁场中有较强的空间谐波，电流中有较强的时间谐波。根据多回路理论可以推导出定子绕组故障的电流特征频率，定子电流谐波成分为：

$$f_s = [1 \pm 2k(1 - s)]f \tag{5-5}$$

式中，$k = 0, 1, 2, 3 \cdots$。

在故障诊断时，通过定子电流检测和频谱分析，如在频谱图中出现电动机故障特征频率时，根据特征频率分量大小和变化情况，判断故障类型，实现电动机的故障诊断。

F　风机转子机械故障的电流频谱分析

当风机机械系统发生故障时，风机转子将产生特有的故障振动频率，通过风机轴与电动机转轴的刚性连接，风机转子的振动将传递到电动机转子，引起电动机定子和转子之间的气隙出现波动，从而引起定子电流特征发生变化，在定子绕组中感应出相应的电流谐波，其频率分量表达式为：

$$f_b = n_n Z_r f_r \pm n_b f_b \pm f \qquad (5-6)$$

式中，f_r 为电机转频；f_b 为转子故障频率；f 为电源频率；Z_r 为转子槽数；n_n，n_b 为整数。

在频谱故障诊断中，充分利用信号包含的各种特征，采用多种诊断方法对信号进行诊断。对振动信号，既对频谱特征进行得分表法诊断，又采用模糊专家诊断方法进行诊断，并结合滚动轴承特征频谱和转子轴系固有频率进行诊断，同时对电动机电气故障耦合到振动信号中的频谱特征进行诊断；对电流信号，采用电流频谱分析法诊断电气故障，并对风机转子机械故障耦合到电流信号中的频谱特征进行诊断。

5.3.1.3　时域诊断与频域诊断融合方法

（1）对振动传感器信号在时域诊断中根据时域指标和轴承温度可以求出系统运行状态优劣的程度，如判断风机健康状态处于优、良或差，是否需要预报警或紧急报警等，根据敏感参数与轴心轨迹可为故障诊断提供一些信息，但仍然不能准确诊断出故障；而在频域诊断中，频谱特征的得分表法和模糊专家诊断法从两个不同的角度对故障进行诊断，并结合滚动轴承故障特征频谱与轴系转子固有频谱信息，判断是否风机转子故障或滚动轴承损坏或轴系临界共振故障，并根据电气故障耦合到机械振动中的频谱特征判断是否存在电气故障。

（2）对电流传感器信号在时域诊断中根据三相对称绕组在幅值信息与相位信息的对称性，以及幅值信息的变化情况，判断是否存在电气故障。由于电流幅值与负载以及风机本身的阻尼和摩擦相关，当风机健康状态劣化时，其阻力也增大，因此，有时无法判断故障大小。而在电流频谱诊断中，根据电动机电气故障分别在定子电流中感应特定的频谱分量，可求得对应的电气故障，并根据风机转子振动耦合到电动机定子电流中的频谱特征判断是否存在风机转子机械故障。

从机械振动信号和电流信号的时域和频域诊断可以看出，时域诊断可以判断风机运行的健康程度，而频谱诊断可以诊断出具体的故障类型。为了提高风机故障诊断的准确性，分别对机械振动信号和电流信号的时域诊断和频域诊断进行融合，可以更有效地提高诊断率。

时域诊断与频域诊断融合方法设计：时域特征诊断（特别是按照国际标准与风机厂家给定的状态诊断指标进行诊断）可有效地判断风机运行状态健康程度，其诊断结果以故障程度全局变量形式（$0 \sim 1$）表示，1 对应紧急报警值。频谱特征诊断采用不同方法（得分表诊断、模糊专家诊断、滚动轴承特征谱诊断、转子固有频谱诊断、电气故障谱诊断）诊断出系统故障类型。其诊断结果以各种故障概率的矢量形式表示，并结合轴心轨迹所诊断的故障结果，采用第 6 章所分析的多诊断方法的融合算法，同时还结合时域特征值、轴承温度以及故障信号随敏感参数的变化情况，得出综合诊断结论。

5.3.1.4　机械与电气信息融合诊断方法

在旋转机械故障诊断中，不同领域的专家采取不同的诊断方法，如电气专家通常采用电动机电流信号对电动机进行故障诊断，而机械专家往往采用机械振动信号对转子故障进行诊断。排烟风机系统由电动机通过刚性联轴器拖动风机旋转，是典型的机电耦合系统。可综合利用机械诊断方法与电气诊断方法，利用机械故障耦合在电气中的信息特征以及电气故障耦合在振动中的信息特征，从不同专家诊断角度进行分析，实现风机与电动机故障的准确可靠地诊断。

在排烟风机故障诊断中，为了增强排烟风机故障诊断的准确性，从机械与电气双重角度进行故障诊断。前面已经探讨了机械振动信号从时域和频域分析可以对风机系统典型转子故障、滚动轴承故障、电动机转子故障以及电动机电气故障通过磁场耦合到电动机转子并通过刚性联轴器传递到风机轴和轴承座。转子和轴承故障直接引起轴与基座的振动，而电气故障通过磁场耦合以及电动机到风机的传递，其故障特征会衰减甚至淹没在其他信号中。同样，在电气电流信号中，电动机定子绕组故障、转子断条以及气隙偏心故障在定子电流中会直接感应出较强的频率分量，而风机故障引起转子振动从而导致电动机磁场变化进而引起定子电流产生故障频谱。机械故障在电气中感应的信息也是很微弱的，但是，微弱耦合信息却可以为故障诊断提供有用的验证信息，从而提高故障诊断的准确性。

机械与电气信息融合方法设计：排烟风机诊断分别从时域与频域角度采用不同诊断方法对机械和电气信息进行诊断，并融合时域与频域诊断结果，均从以下三个方面给出了风机的健康程度以及故障的类型：（1）风机运行状态健康程度；（2）转子故障概率矢量；（3）电气故障概率矢量。为了充分利用机械诊断与电气诊断的优点，需要融合机械与电气诊断。在融合过程中采用加权融合，对转子故障和轴承故障，以机械诊断为主，电气诊断为辅；对电气故障，以电气诊断为主，机械诊断为辅。辅助诊断对相同诊断结果起验证增强作用，对相反结果起抑制作用，且增强能力大于抑制能力，即模仿专家的积极肯定而不轻易否定的作用。如机械诊断故障结果为 ｛健康指数 0.7；机械故障：不平衡故障 0.62，不对中故障 0.23，转子碰摩 0.03，转轴裂纹 0.01，轴承松动 0.03，支承松动 0.04，失稳 0.06；电气故障：定子绕组故障 0.05，转子断条 0.07，气隙偏心 0.15｝；电气诊断故障结果为 ｛健康指数 0.3；机械故障：不平衡故障 0.25，不对中故障 0.03，转子碰摩 0.01，转轴裂纹 0.01，轴承松动 0.01，支承松动 0.02，失稳 0.02；电气故障：定子绕组故障 0.16，转子断条 0.18，气隙偏心 0.25｝，对比机械诊断与电气诊断，在机械诊断中可以看出，风机运行健康状态为中，最可能的故障为不平衡，其次为不对中，而在电气诊断中，其机械故障不平衡故障存在的可能性较大，而其他故障的可能性较小，从而增强不平衡的判断指数。

综合以上排烟风机故障诊断方法分析，建立排烟风机的机械与电气故障诊断的信息融合结构如表5-3所示。

表5-3 排烟风机机电信息融合算法结构

机械与电气信息融合诊断	机械故障诊断	时域诊断与频域诊断融合	时域诊断融合	时域指标诊断
				敏感参数诊断
				轴心轨迹诊断
				轴承温度诊断
			频域诊断融合	特征频率模糊专家诊断
				特征频率得分表法诊断
				滚动轴承特征频谱故障分析
				转子固有频率频谱分析
				电动机电气故障的振动频谱分析
		空间融合		传感器布局位置信息分析
	电气故障诊断	时域诊断与频域诊断融合	时域诊断融合	幅值信息诊断
				相位信息诊断
			频域诊断融合	电流频谱故障特征诊断
				风机机械故障的电气频谱分析

5.3.2 多专家机电信息融合诊断算法

针对以上所研究的排烟风机振动信号与电气信号的时域诊断与频域诊断相融合、机械诊断与电气诊断相融合的综合诊断方法，设计排烟风机多专家机电信息融合诊断算法如下。

Step1：将排烟风机状态监测数据与特征信息输入黑板数据库。

Step2：机械信号分析，对振动与位移传感器从 Step3 ~ Step14 依次循环分析。

Step3：时域特征参数融合（烈度、有效值、峰峰值、标准差、偏态指标、峭度指标、脉冲指数、奇异值数），判断系统故障，输出故障特征参数，并计算故障概率，并提出进一步检测方法。

Step4：时域故障敏感参数诊断，判断系统故障，输出故障特征参数，计算故障概率，并提出进一步检测方法。

Step5：时域轴承温度参数诊断，判断是否轴承故障，计算故障概率，并提出进一步检测方法。

Step6：时域轴心轨迹故障诊断（轴心轨迹形状、进动方向），判断系统故障，计算故障概率，并提出进一步检测方法。

Step7：四种时域诊断方法的结果融合，采用故障相互印证增强机制判断系统故障，计算故障概率，并对进一步检测方法进行优先级排序。

Step8：采用模糊判决法（对特征频率幅值分级为极小、较小、中、较大、极大的模糊评判法）对风机典型故障特征频率进行故障诊断，判断系统故障，计算故障概率，并提出进一步检测方法。

Step9：采用特征频率矢量得分表法对风机典型故障特征频率（$0.5 \times f_0$、f_0、$2 \times f_0$、$3 \times f_0$、$4 \times f_0$、$5 \times f_0$）进行故障诊断，判断系统故障，计算故障概率，并提出进一步检测方法。

Step10：滚动轴承特征频谱诊断，判断是否滚动轴承故障，计算故障概率，并提出进一步检测方法。

Step11：转子固有频率的频谱诊断，判断是否转子激振故障，计算故障概率，并提出进一步检测方法。

Step12：四种频域诊断方法的结果融合，采用故障相互印证增强机制判断系统故障，计算故障概率，并对进一步检测方法进行优先级排序。

Step13：采用特征频率矢量得分表法对电气故障的振动表现特征频率进行故障诊断，判断系统故障，计算故障概率，并提出进一步检测方法。

Step14：对时域诊断与频域诊断结果进行融合，判断系统故障，并计算故障。

Step15：电流信号分析，对振动与位移传感器从 Step16 ~ Step19 依次循环分析。

Step16：时域特征参数分析（幅值、相位），结合负载情况，三相电流的幅值、相位关系分析故障情况，并计算故障概率，并提出进一步检测方法。

Step17：频域特征参数诊断，对电气故障所对应的频谱特征进行分析与诊断，判断系统故障，计算故障概率，并对进一步检测方法进行优先级排序。

Step18：采用特征频率诊断法对机械故障的电气表现特征频率进行故障诊断，判断系统故障，计算故障概率，并提出进一步检测方法。

Step19：电流时域诊断与电流频谱诊断信息融合，判断系统故障，计算故障概率，并对进一步检测方法进行优先级排序。

Step20：综合机械诊断与电气故障诊断，得出最终故障诊断结果。

5.4 实验与诊断

根据排烟风机现场监测需要，排烟风机上共安装 11 个传感器：在两个支撑轴承座 XY 方向安装加速度传感器，共 4 个加速度信号；在靠近风机侧的轴承座轴颈处相互垂直的 XY 方向安装 2 个电涡流传感器；在轴承座润滑油孔安装轴承温度检测传感器，共 2 个温度传感器；在电动机 ABC 三相电源电缆安装 3 个钳式电流传感器检测电流信号。针对各传感器信息按照多专家机电信息融合诊断算法进行综合分析。

风机状态监测实时采样程序以一定周期对不同类型的传感器以不同的采样频率和数据量进行采样。分析程序调用采样数据，首先进行自适应提升小波去噪预处理，并计算时域特征指标、轴心轨迹、频率特征参数，并将特征参数输入黑板数据库。黑板中的信息源将本模块对应的特征参数和诊断结果映射到信息源中，黑板控制机制根据相应的条件调用相应的子专家诊断系统。各子专家系统诊断后，给出诊断结果及故障概率，并提出需要进一步分析的诊断方法。黑板的信息源将特征参数、诊断结果、进一步诊断方法等自动映射到信息层中，并按照控制机制由低级向高级进行诊断。

下面以风机现场监测数据为例进行诊断。

（1）首先对各振动信号依次进行时域与频域故障诊断，图 5-3 为 1 号振动传感器信号波形。

1）时域特征诊断。有效值 $A_{rms} = 14.1830$、烈度 $V_{rms} = 5.7564$、峭度指标 $K_4 = 26.0724$、峰峰值 $X_{pp} = 36.1533$、标准差 $S = 0.6366$、偏态指标 $K_3 = -3.8182$、脉冲指数 $I = 0.9603$、奇异值数为 $\alpha =$

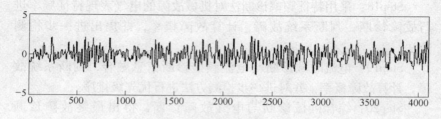

图 5-3   1 号振动传感器信号波形

−0.2。

根据排烟风机现场运行经验所设置的烈度一般报警值 4.6mm/s、紧急报警值 11.2mm/s，峰峰值一般报警值 30μm、紧急报警值 40μm 以及其他相关参数报警值，可诊断系统运行状态劣化，已进入报警区域，需要进行进一步诊断。

2）轴心轨迹诊断。5 号位移传感器波形如图 5-4 所示。以 5 号和 6 号 XY 方向轴振动位移传感器信号分析轴心轨迹，以两个传感器信号的一倍频信号作为 XY 通道输入信号画出轴心轨迹，可得其轴心轨迹为椭圆。

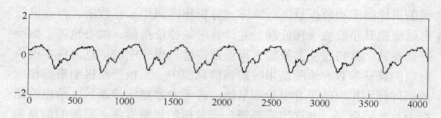

图 5-4   5 号轴振动位移传感器信号波形

综合融合时域诊断结果，可得出风机可能存在转子不平衡故障，且故障概率为 71%，进一步采用频谱诊断验证。

（2）频域特征故障诊断，以 1 号振动传感器为例。

频域特征参数：$0.5 \times f_0$ 对应的幅值为 0.5292、f_0 对应的幅值为 412.7310、$2 \times f_0$ 对应的幅值为 27.4313、$3 \times f_0$ 对应的幅值为 32.5114、$4 \times f_0$ 对应的幅值为 9.5355、$5 \times f_0$ 对应的幅值为 0.8378。

1）根据特征频率模糊诊断法可看出，一倍频较大，其余特征频谱幅值较小，可诊断为转子不平衡故障。

2）根据特征频率得分表矢量计算法，将特征频谱与得分表中各故障类型对应的矢量相乘，可得到特征频率参数与不平衡故障特征矢量积最大，其故障得分值为 1.001。

3）分析轴承部件故障特征频谱，未出现其故障特征频率，因此，不存在轴承故障。

4）分析电动机电磁故障的振动特征参数：$2 \times f_n \pm f_0$、$2 \times f_n$、$4 \times f_n$、$6 \times f_n$，即故障频率与切断电源的关系以及电气故障频谱，未出现电磁故障。

综合融合时域诊断与频域诊断结果，可得出风机存在转子不平衡故障，且故障概率为 95%。

（3）风机机械故障空间位置融合。针对两个轴承座上 4 个振动传感器，分别对每个传感器进行故障诊断，可以得出：靠近风机侧的轴承座水平振动最大，靠近电动机侧的轴承座水平振动次之，风机侧的轴承座垂直振动第三，电动机侧的轴承座垂直振动最小。由此，可分析出不平衡是由风机侧传递过来。

（4）电气信号诊断，以 9 号电流传感器为例。9 号电流传感器信号波形如图 5-5 所示，采用电流频谱分析法，对电气故障与机械故障进行诊断，电气诊断故障结果为 ｛不平衡故障 0.28，不对中故障 0.15，转子碰摩 0.04，转轴裂纹 0.08，轴承松动 0.01，支承松动 0.09，失稳 0.02，定子绕组故障 0.16，转子断条 0.18，气隙偏心 0.33｝。

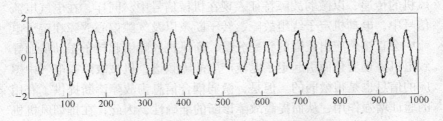

图 5-5 9 号电流传感器信号波形

（5）机械与电气融合诊断。在机械诊断中可以看出，风机最可能的故障为不平衡，其次为不对中；而在电气诊断中，气隙偏心故障的概率最大，其次为故障不平衡故障。风机转子不平衡故障引起电动机定转子之间的气隙动态变化，通过综合机械故障诊断与电气故障诊断，可判断系统存在不平衡故障。

5.5　本章小结

（1）现有的旋转机械故障诊断系统主要是单个领域的专家诊断系统，如转子故障诊断系统、动平衡诊断系统、交流电动机故障诊断系统等，缺乏多领域多诊断方法的综合故障诊断。针对排烟风机故障诊断中时域诊断、频域诊断、风机转子故障诊断、电动机电气故障诊断以及机电耦合故障诊断等各种诊断方法，研究了综合时域诊断与频域诊断、机械诊断与电气故障诊断，实现多专家协同诊断的排烟风机黑板型多专家故障诊断专家系统。

（2）针对机械信号和电气信号，从机械诊断与电气诊断、时域诊断与频域诊断角度，设计了机械信号的四种时域诊断方法：时域指标判断、敏感参数诊断、轴心轨迹与轴承温度诊断法；五种频域诊断方法：故障特征频谱模糊专家诊断法、故障特征频谱得分表诊断法、滚动轴承故障谱分析法、转子固有频谱分析法以及电机电气故障的机电耦合诊断法。对电气信号设计了三相时域幅值和相位诊断，频域电气故障诊断以及风机机械故障耦合到电气的频谱分析；并分别对机械与电气信号的时域与频域诊断结果进行融合。排烟风机转子和轴承故障直接引起轴与基座的振动，而电气故障通过磁场耦合以及电动机到风机的传递，以微弱故障特征表现在机械信号中。同样，在电气电流信号中，电动机定子绕组故障、转子断条以及气隙偏心故障在定子电流中会直接感应出较强的频率分量，而风机故障引起转子振动从而导致电机磁场变化而引起定子电流产生故障频谱，机械故障在电气中感应的信息也是很微弱的。但是，微弱耦合信息为故障诊断提供了有用的验证增强作用，从而提高故障诊断的准确性。因此，在排烟风机机械诊断与电气诊断的基础上，采用时域诊断与频域诊断融合、机械诊断与电气诊断融合的多种诊断方法，实现机械与电气双重角度的故障诊断。

（3）针对排烟风机多专家协同诊断，建立了时域诊断与频域诊断、机械诊断与电气诊断相融合的多专家协调运作策略，按照诊断逻辑建立了8个融合诊断层次，每个知识层包含相应的触发条件、诊断方法和诊断结果，并建立了相应的黑板监督机制，黑板监督程序按照设置的触发条件和融合顺序控制各知识层专家诊断的协调运行。

6　多传感器与多诊断方法的决策融合诊断

6.1　排烟风机全局决策融合诊断结构设计

在排烟风机故障诊断中，不同的诊断方法、不同位置和不同类型的传感器对相应区域的故障信息具有不同的敏感性。因此，在故障诊断中，在风机的不同位置安装相应的传感器，综合多传感器信息采用多种诊断方法进行诊断，并用决策融合理论判断系统故障，从而提高系统诊断的可靠性。

在本书所研究的排烟风机故障诊断中采用的诊断方法有：

（1）根据设备运行时的振动幅值、烈度等时域指标故障诊断；

（2）根据多故障源信号在传感器阵列中的叠加，采用基于数据层的多传感器信息盲源分离诊断方法，对故障源进行解耦识别，从而在数据层识别故障源；

（3）当存在故障时，根据多传感器之间的数据关联，以及故障信息在不同传感器中的表现强度判断故障空间位置；

（4）根据风机运行的特征频率、固有频率等频域特征，采用得分表或向量法，与典型故障特征相比较，判断系统故障；

（5）根据各传感器特征信息，采用改进型 BP-ART2 神经网络故障诊断方法诊断系统故障；

（6）采用黑板型多专家协同诊断系统，对机电耦合的电动机与风机系统进行综合诊断。

各诊断方法在数据层或特征层针对某一领域进行局部诊断，各子诊断模块的输入为不同类型的信号，或同一信号形成的不同特征向量。它们从不同侧面反映设备的故障。针对单传感器信息的局部诊断，采用多传感器局部诊断故障的加权激励融合，通过多传感器诊断结果之间的相互比较与印证，提高故障诊断性能，对各诊断方法所得到的局部诊断结果，采用全局融合算法，即决策层融合诊断，综合各局部融合诊断结果，进行总体决策，从而得出故障诊断结果。排烟风机全局决策融合诊断系统结构如图 6-1 所示。

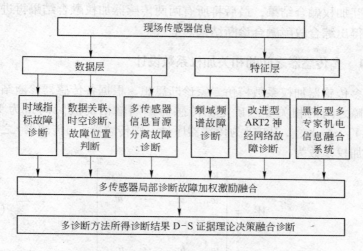

图 6-1　信息融合系统结构框图

6.2　多传感器加权激励融合诊断方法研究

在多传感器检测与故障诊断中，通常是在数据层加权融合或者在各传感器诊断结果的基础上，根据各传感器对同一故障的诊断结果来实现多传感器诊断。在本系统中，不仅有机械信号诊断，而且有电气信号诊断。两类信号中相互包含了另一方的故障特征信息，即机械信号中包含了电气故障的耦合信息，而电气信号中也同样包含了风机与电动机的机械故障信息。因此，不同传感器针对故障结果，不仅包含对同类故障的验证信息，同时，不同故障类型诊断结果相互之间也存在关联性。其关联程度的大小由传感器位置之间的响应关联度、不同故障类型之间的支持度来决定。

在排烟风机监测与故障诊断中，针对单个传感器所采集的信息，采用时域诊断、频域诊断、多参数 ART 神经网络诊断等方法进行故障诊断，诊断结果通常需要综合考虑多个传感器的诊断信息，从多个传感器对故障进行相互印证，从而得出更加准确的诊断结果。为了实现多传感器之间的故障比较与印证，根据每两个传感器诊断故障之间的相关加权系数矩阵，分析二者诊断故障之间的印证与增强程度，计算相互加权融合结果，最后将所有两两传感器加权融合结果再进行融合，得出综合故障融合诊断结果。

6.2.1 多传感器之间的相关加权系数设计

多传感器加权系数模仿专家诊断思想，根据各传感器诊断结果相应故障之间的相关度来确定。传感器诊断输出的故障向量为 $Y_i = \{Y_{i1}, Y_{i2}, \cdots, Y_{im}\}$，其中 i 为传感器序号，则传感器 i 与传感器 j 之间的相关加权系数为：

$$W_{ij} = \begin{bmatrix} w_{11} & w_{12} & \cdots & w_{1m} \\ w_{21} & w_{22} & \cdots & w_{2m} \\ \vdots & \vdots & & \vdots \\ w_{m1} & w_{m2} & \cdots & w_{mm} \end{bmatrix} \tag{6-1}$$

加权系数矩阵中 w_{kl} 为 i 传感器的 k 故障与 j 传感器的 l 故障之间的相关加权系数。矩阵的行向量对应故障类型，列向量对应 i 传感器与 j 传感器对该故障支持度，当 $k = l$ 时表示不同传感器诊断出相同故障，其诊断结果相互印证与增强度最高，因此其相关加权系数最大，设为 1。

针对排烟风机所设置的传感器，分别建立其两两传感器相关矩阵，在具体应用中，如同专家诊断一样，通常是选择最相关的传感器来计算其相关矩阵并相互验证，如两个轴承座上同为水平安装的两个振动传感器，其振动敏感性最强，且具有同向性；同一轴承座的水平与垂直方向的两个振动传感器信息；轴振动传感器与轴承座水平振动传感器信息；轴振动传感器与电流传感器信息。而其他传感器之间的相关矩阵可以作为冗余辅助信息。

加权系数的设置方法：在故障诊断实验台上模拟某一故障，对各个传感器信号进行分析与诊断，得到各类故障的概率值，则加权系数矩阵 W_{ij} 对应该故障行的加权系数为以 i 传感器诊断向量与 j 传感器诊断向量相应系数相乘，并归一化，得到该故障的两传感器关联加权系数矩阵。加权矩阵的其他故障系数依此类推，即可求出相应的系数矩阵。在实验求解的基础上，根据风机现场调试情况和运行经验，对实验设计的加权系数进行修正，得到最终的加权系数矩阵。

如不平衡故障时 1 号水平振动传感器诊断结果为 {0.68, 0.25, 0.03, 0.01, 0.05, 0.06, 0.05, 0.07, 0.16}，2 号垂直振动传感器诊断结果为 {0.46, 0.18, 0.02, 0.02, 0.04, 0.06, 0.05, 0.06, 0.04, 0.08}，则可构造 1、2 号传感器的 10×10 阶的相关加权系数矩阵。其中不平衡故障的行向量为 {1, 0.144, 0.02, 0.001, 0.006, 0.008, 0.01, 0.01, 0.009, 0.041}。

6.2.2 不同位置传感器在融合诊断中的权重设计

故障信息在不同位置的传感器中具有不同的表现强度，越是靠近故障敏感区传感器信号的故障表现越强。因此，在多传感器信息融合中，每个传感器对故障诊断所起的作用权重也不相同，需要根据传感器安装位置信息、试验测试以及运行经验对每个传感器设置相应的权重参数 $\boldsymbol{\alpha}_i = [\alpha_{i1}, \alpha_{i2}, \cdots, \alpha_{im}]$，$\alpha_{ij}$ 表示 i 传感器对 j 故障的权重，则 i 传感器与 j 传感器的加权融合为：

$$Y_{ij} = \begin{bmatrix} w_{11} & w_{12} & \cdots & w_{1m} \\ w_{21} & w_{22} & \cdots & w_{2m} \\ \vdots & \vdots & & \vdots \\ w_{m1} & w_{m2} & \cdots & w_{mm} \end{bmatrix} (\boldsymbol{\alpha}_i \cdot \boldsymbol{Y}_i + \boldsymbol{\alpha}_j \cdot \boldsymbol{Y}_j)^{\mathrm{T}} \quad (6\text{-}2)$$

式中，$\boldsymbol{\alpha}_i \cdot \boldsymbol{Y}_i = [\alpha_{i1}, \alpha_{i2}, \cdots, \alpha_{im}] \cdot [y_{i1}, y_{i2}, \cdots, y_{im}]$

例如，风机侧轴承座水平位置加速度传感器对转子不平衡、不对中、转子碰摩、轴承松动、支承松动故障较敏感，而对定子绕组故障、转子断条、气隙偏心等故障反应较小，因此，可根据经验将其权重设置为 {1, 0.95, 0.85, 0.75, 0.9, 0.9, 0.6, 0.4, 0.4, 0.5}。

6.2.3　多传感器加权系数的激励

诊断专家对多个传感器进行诊断时，总是先对各个传感器分别进行故障诊断，根据各传感器诊断的结果，相互验证与比较。当某个传感器诊断出系统发生某个故障，并且概率较大时，总想从其他传感器的诊断结果中找到能够映射证明该故障确实存在，为确切诊断该故障提供诊断支持。当其他传感器中也诊断出该故障时，将该故障的发生概率增强，并强调该故障。模仿诊断专家的映射激励方法，在计算两个传感器之间的加权融合时，当两个传感器之间同时存在同种故障或者相似故障（即两种故障之间存在联系）时，将该故障概率增强，即当 $Y_{ijk} \geq \delta$ 时，

$$\tilde{Y}_{ijk} = \beta \cdot Y_{ijk} \qquad (6-3)$$

式中，Y_{ijk} 表示传感器 i 与传感器 j 融合后的第 k 个故障；δ 为增强阈值，根据现场经验，可将 δ 设置为 0.5；β 为增强系数，$\beta > 1$。

6.2.4　多传感器两两加权激励的综合融合

在所求解的两两传感器关联计算中，通常是选择一些相关作用最强的传感器来计算其关联诊断强度。这些传感器有的关联诊断效果好，有的关联诊断效果较弱。如两个轴承座上同为水平安装的两个振动传感器，诊断作用最强，关联融合后作用仍然最大；而振动传感器与电流传感器信息的关联程度较低，因此，其关联融合后其作用也较小。因此，不同传感器诊断所起的作用也不相同，故需针对其作用的强弱设置相应的加权系数。

设置传感器两两加权激励融合后的权值系数，并将加权系数与诊断结果相乘，得到所有传感器诊断的最终决策融合结果，即

$$Z = a_{11}Y_{11} + a_{12}Y_{12} + \cdots + a_{(m-1)m}Y_{(m-1)m} \qquad (6-4)$$

6.2.5　多传感器加权激励融合诊断步骤

Step1：确定 n 个传感器之间两两相关加权矩阵 $W_{ij}(i = 1, \cdots, n-1; j = i+1, \cdots, n)$，$n$ 个传感器共有 $n!$ 个相关加权矩阵。

Step2：根据 $Y_{ij} = W_{ij}(\pmb{\alpha}_i \cdot Y_i + \pmb{\alpha}_j \cdot Y_j)^{\mathrm{T}}$，计算两两传感器加权融合。

Step3：由式（6-4），对传感器两两加权激励融合结果进行综合融合，得到最终融合诊断结果。

6.3 多诊断方法局部诊断结果的决策融合设计

在决策融合算法中，D-S 推理算法具有很强的处理不确定信息的能力，不需要先验信息。它对不确定信息的描述采用"区间估计"方法，解决了关于不确定性的表示方法，在区分不确定方面以及精确反映证据收集方面显示出很大的灵活性。当不同诊断方法所提供的诊断结果对结论的支持发生冲突时，D-S 证据理论算法可以通过"悬挂"在所有目标集上共有的概率，使发生的冲突获得解决。D-S 证据理论算法使证据与子集相关，而不是与单个元素相关，将问题的范围缩小，从而减轻处理的复杂程度。因此，在多方法故障诊断领域的各种推理算法中，D-S 证据理论算法作为一种非精确推理算法具有较好的处理效果。

6.3.1 决策融合规则

D-S 证据理论的基本策略是把证据集合划分为若干相关的部分，并分别对其独立进行判断，然后利用组合规则把其组合起来[56~61]。

定理1：设 Bel_1 和 Bel_2 是同一识别框架 Ω 上的两个信度函数，m_1 和 m_2 分别为对应的基本可信度分配，焦元分别为 $A_1, \cdots, A_K$ 和 $B_1, \cdots, B_N$，设

$$K = \sum_{A_i B_j = \phi} m_1(A_i) \cdot m_2(B_j) < 1 \tag{6-5}$$

则合成后的基本可信度分配函数 $m : 2^{\Omega} \to [0,1]$ 对所有非空集 A 有：

$$m(A) = \frac{\sum\limits_{A_i \cap B_j = A} m_1(A_i) m_2(B_j)}{1 - K} \tag{6-6}$$

其中，若 $K \neq 1$，则 m 确定一个基本概率；若 $K = 1$，则认为 m_1 和 m_2 矛盾，不能对基本概率进行合成。对于多个证据的组合，多个置信度

函数对应联合作用结果可以同样用多个置信度函数的直和表示：

$$m(A) = \frac{\sum\limits_{A_i \cap A_j = A} m_1(A_i) \cdots m_n(A_j)}{1 - \sum\limits_{A_i \cap A_j = \phi} m_1(A_i) \cdots m_n(A_j)} \quad (6\text{-}7)$$

6.3.2 排烟风机故障诊断决策融合算法设计

排烟风机故障诊断决策融合的基本过程如图 6-2 所示。排烟风机运行状态信息经过多种传感器数据采集，应用前面所述的时域分析、频域分析、多参数集成 ART 神经网络诊断、黑板型多专家融合诊断、盲源分离故障诊断以及多传感器加权激励融合，通过前面各章所分析的局部融合诊断方法，得到 3 个局部融合结果（多传感器加权激励融合诊断结果、黑板型多专家融合诊断结果以及盲源分离故障诊断结果）。局部融合诊断结果的表达形式为故障类型矢量形式 ｛不平衡，不对中，转子碰摩，转轴裂纹，轴承松动，支承松动，失稳，定子绕组故障，转子断条，气隙偏心｝以及各种故障的基本可信度分配，决策融合根据这 3 种局部融合诊断结果，采用合成算法得到全局决策融合结果。

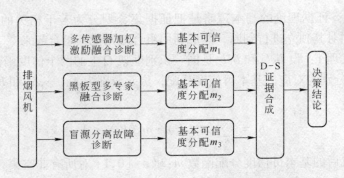

图 6-2 决策层信息融合系统结构框图

排烟风机故障诊断决策融合算法的步骤如下。

Step1：对排烟风机结构及故障机理进行详细分析，并结合机组运行经验统计的故障情况。根据其原因和特点将故障归结为若干典型故障类型，确定故障空间。根据故障空间构造系统的命题集，即系统识别框架 $\Omega = \{A_1, A_2, \cdots, A_K\}$。排烟风机的识别框架构造为 ｛不平衡，不对中，转子碰摩，转轴裂纹，轴承松动，支承松动，失稳，定子绕组故障，转子断条，气隙偏心｝。

Step2：利用局部融合诊断结果，即故障特征子集，结合识别框架中的各命题的特点，构造从不同侧面能够识别故障情况的证据体 $E_i (i = 1, 2, \cdots, N)$。在排烟风机中，采用了 3 种局部融合算法：多传感器加权激励融合诊断、在黑板型多专家融合诊断、盲源分离故障诊断，且局部融合诊断的故障类型与全局综合融合诊断的故障类型相一致。

Step3：根据局部融合故障诊断结果以及各故障类型的概率 $p(A_i)$，计算各证据对识别框架中各命题的支持程度，$m(A_i) = p(A_i) \Big/ \sum\limits_{j=1}^{K} p(A_j)$，得到各证据的基本可信度分配 $m(A_i)(i = 1, 2, \cdots, K)$。

Step4：根据 D-S 合成规则式（6-7）计算所有证据体联合作用下的基本可信度分配 $m(A_j)$。

Step5：根据决策规则最终得出决策结论。

6.4 决策融合实验与诊断

6.4.1 对两两传感器加权激励融合

排烟风机状态监测与故障诊断中，对各振动传感器和电流传感器信号进行预处理，并在时域和频域中采用时域特征判断、改进型 BP-ART2 神经网络诊断、频域得分表法诊断、模糊专家诊断等多种方法进行故障诊断后，得到各传感器的故障结果。1 号水平振动传感器诊断结果为 ｛0.68，0.25，0.03，0.01，0.05，0.04，0.06，0.05，0.07，0.16｝；2 号垂直振动传感器诊断结果为 ｛0.46，0.18，0.02，0.02，0.04，0.06，0.05，0.06，0.04，0.08｝；3 号水平振动传感器诊断结果为 ｛0.51，0.23，0.05，0.06，0.03，0.07，0.04，0.07，0.04，0.06｝；9 号电流传感器诊断结果为 ｛0.18，

0.03，0.01，0.01，0.01，0.03，0.02，0.16，0.18，0.25 }。针对各传感器诊断结果，根据两两传感器关联激励矩阵，采用加权激励法进行局部融合。

下面以靠近风机侧轴承座水平位置 1 号加速度传感器与 9 号电流传感器为例进行分析。

1 号加速度传感器的诊断向量为：

$$\boldsymbol{Y}_1 = \begin{bmatrix} 0.68, 0.25, 0.03, 0.01, 0.05, 0.04, 0.06, 0.05, 0.07, 0.16 \end{bmatrix}$$

$$(6\text{-}8)$$

9 号电流传感器的诊断向量为：

$$\boldsymbol{Y}_9 = \begin{bmatrix} 0.18, 0.03, 0.01, 0.01, 0.01, 0.03, 0.02, 0.16, 0.18, 0.25 \end{bmatrix}$$

$$(6\text{-}9)$$

根据 1 号加速度传感器对故障的响应度，得到加权系数为：

$$\boldsymbol{\alpha}_1 = \begin{bmatrix} 0.8, 0.75, 0.65, 0.6, 0.45, 0.35, 0.7, 0.15, 0.15, 0.25 \end{bmatrix}$$

$$(6\text{-}10)$$

同理可得 9 号电流传感器的加权系数为：

$$\boldsymbol{\alpha}_9 = \begin{bmatrix} 0.35, 0.32, 0.3, 0.1, 0.08, 0.03, 0.05, 0.8, 0.8, 0.75 \end{bmatrix}$$

$$(6\text{-}11)$$

根据实验台故障模拟、相关分析以及现场修正，得到 1 号加速度传感器与 9 号电流传感器之间的相关加权系数矩阵为：

$$\boldsymbol{W}_{1,9} = \begin{bmatrix} 1 & 0.21 & 0.02 & 0.001 & 0.006 & 0.008 & 0.01 & 0.01 & 0.009 & 0.041 \\ 0.27 & 1 & 0.38 & 0.46 & 0.007 & 0.005 & 0.009 & 0.008 & 0.006 & 0.08 \\ 0.42 & 0.35 & 1 & 0.28 & 0.005 & 0.14 & 0.05 & 0.006 & 0.01 & 0.052 \\ 0.26 & 0.52 & 0.21 & 1 & 0.008 & 0.12 & 0.04 & 0.008 & 0.007 & 0.01 \\ 0.001 & 0.002 & 0.02 & 0.001 & 1 & 0.43 & 0.001 & 0.006 & 0.003 & 0.02 \\ 0.18 & 0.12 & 0.21 & 0.08 & 0.36 & 1 & 0.01 & 0.007 & 0.005 & 0.03 \\ 0.05 & 0.04 & 0.04 & 0.02 & 0.001 & 0.02 & 1 & 0.006 & 0.003 & 0.01 \\ 0.01 & 0.09 & 0.06 & 0.07 & 0.01 & 0.05 & 0.04 & 1 & 0.18 & 0.23 \\ 0.04 & 0.02 & 0.05 & 0.09 & 0.01 & 0.03 & 0.06 & 0.12 & 1 & 0.21 \\ 0.28 & 0.21 & 0.16 & 0.13 & 0.02 & 0.08 & 0.01 & 0.14 & 0.18 & 1 \end{bmatrix}$$

$$(6\text{-}12)$$

根据加权激励算法 $Y_{ij} = W_{ij}(\alpha_i \cdot Y_i + \alpha_j \cdot Y_j)^{\mathrm{T}}$，可得 1 号水平振动传感器与 9 号电流传感器的融合结果为：

$$Y_{1,9} = [0.6616, 0.3936, 0.3669, 0.2802, 0.037, 0.1705,$$
$$0.0861, 0.244, 0.2518, 0.4922]$$

依此类推，计算出所有传感器两两加权激励融合，并将融合结果通过权值向量相加：$Z = a_{11}Y_{11} + a_{12}Y_{12} + \cdots + a_{(m-1)m}Y_{(m-1)m}$，得到最终的决策融合结果。

6.4.2 多局部诊断方法的决策融合

对多种局部诊断方法的诊断结果，采用决策融合算法，得到最终全局融合结论。三种局部融合诊断方法所求得的诊断结果及其置信度分配见表6-1。

表 6-1 局部融合结果及其置信度分配

$M_i(*)$ ＼ A_i	A_1	A_2	A_3	A_4	A_5	A_6	A_7	A_8	U
诊断系统 D_1 $m_1(*)$	0.32	0.06	0.28	0.23	0.01	0.02	0.01	0.01	0.04
诊断系统 D_2 $m_2(*)$	0.38	0.03	0.26	0.20	0.02	0.01	0.02	0.03	0.05
诊断系统 D_3 $m_3(*)$	0.36	0.04	0.25	0.18	0.03	0.02	0.03	0.05	0.04

将诊断系统结果 D_1 与诊断系统结果 D_2 进行融合：

$$K_1 = \sum_{A_i \cap A_j = \phi} m_1(A_i) \cdot m_2(A_j) = \sum_{i=1}^{m} \sum_{j=1, j \neq i}^{m} m_1(A_i) \cdot m_2(A_j)$$

$$m_{D_1 \times D_2}(A) = \frac{\sum_{A_i \cap A_j = A} m_1(A_i) m_2(A_j) + U_1 \cdot m_2(A) + U_2 \cdot m_1(A)}{1 - K_1}$$

可得融合后各故障的置信度分配为：

$$m_{D_1 \times D_2}(A_1) = 0.4609, m_{D_1 \times D_2}(A_2) = 0.0181, m_{D_1 \times D_2}(A_3) = 0.2932,$$

$$m_{D_1 \times D_2}(A_4) = 0.1976, m_{D_1 \times D_2}(A_5) = 0.0045, m_{D_1 \times D_2}(A_6) = 0.0048,$$

$$m_{D_1 \times D_2}(A_7) = 0.0087, m_{D_1 \times D_2}(A_8) = 0.0060, m_{D_1 \times D_2}(U) = 0.0060$$

　　将诊断系统结果 $D_1 \times D_2$ 与诊断系统结果 D_3 进行融合，从而得到最终全局融合结论 $D_1 \times D_2 \times D_3$。其融合结果及置信度分配如表6-2所示。

表6-2　全局融合结果及其置信度分配

$M_i(*)$ ＼ A_i	A_1	A_2	A_3	A_4	A_5	A_6	A_7	A_8	U
$D_1 \times D_2$ 融合 $m_{D_1 \times D_2}(*)$	0.4609	0.0181	0.2932	0.1976	0.0045	0.0048	0.0087	0.0060	0.0060
$D_1 \times D_2 \times D_3$ 融合 $m_{D_1 \times D_2 \times D_3}(*)$	0.5787	0.0052	0.2685	0.1382	0.0015	0.0013	0.0024	0.0026	0.0075

6.5　本章小结

　　（1）根据所研究的排烟风机信息融合的数据层、特征层以及决策层多种诊断方法，研究了局部融合的两两传感器加权激励融合，建立了多传感器多诊断方法的全局决策融合。

　　（2）模仿诊断专家综合考虑多个传感器的诊断信息，实现多传感器之间的故障诊断结果相互比较与印证，不仅考虑不同传感器对同一故障的支持程度，而且还考虑到不同诊断故障对该类故障的支持度，建立两两传感器之间的关联加权系数矩阵，分析其诊断故障之间的印证与增强程度，并加权融合，最后将所有两两传感器加权融合结果综合融合并归一化，得出综合多传感器故障融合诊断结果。

　　（3）加权系数矩阵的设置方法。在故障诊断实验台上模拟某一故障，对各传感器信号进行分析与诊断，得到各类故障的概率值，则加权系数矩阵 W_{ij} 对应该行故障的加权系数按照如下方法进行计算：以 i 传感器诊断向量与 j 传感器诊断向量相应系数相乘，并归一化，得到对该故障的关联加权系数，加权矩阵的其他故障系数依此类推，即可求出相应的系数矩阵。根据实验设计加权激励阈值，从而对印证增强诊断起激励作用。根据传感器对各故障类型的支持程度设计各传感器的权重向量，加权系数的确定在实验求解的基础上，根据风机现场运行情况和经验，对加权系数进行修正，使其更接近实际应用情况。

（4）在排烟风机多传感器信息融合与故障诊断中，对信息融合的不同层次（数据融合层、特征融合层和决策融合层）局部融合诊断结果，采用 D-S 证据理论决策融合方法进行综合全局决策诊断，根据各局部诊断的故障概率分布得到各种故障的基本可信度分配，采用 D-S 证据理论得到全局决策融合诊断结论。

7   排烟风机状态监测与故障
诊断系统设计

7.1   排烟风机监测点与传感器设置

　　本系统的应用对象之一中国长城铝业公司氧化铝烧结回转窑排烟风机的状态监测与故障诊断。回转窑直径为 4.5m，长 100m，5 挡托轮支承，运行在高温多尘的环境下，是铝业公司的大型核心设备。每台回转窑配有两台排烟风机，用于对氧化铝烧结过程中产生的大量烟气进行排放，排烟风机放置在回转窑尾端基座下方，由于振动、灰尘、电磁场干扰等运行环境非常恶劣，而且风机系统采集的信号要经过 70m 左右的传输电缆后才能到达监控室，因此，传感器采集的信号在传输过程中很容易受到干扰。排烟风机型号为 JS107107，转速为 735r/min，配备的主电动机的功率均为 475kW、型号为 JSQ1510。排烟风机结构简图如图 7-1 所示，电动机通过电动机轴、联轴器、风机转轴带动风机旋转，其联轴器为刚性连接。

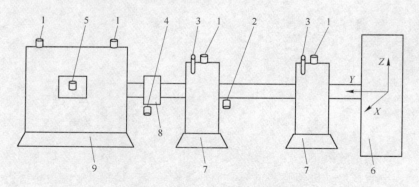

图 7-1   排烟风机结构简图

1—振动加速度传感器；2—电涡流位移传感器；3—温度传感器；4—键相传感器；
5—电流互感器；6—风机；7—轴承座；8—联轴器；9—电动机

排烟风机故障类型按故障部件分包括风机故障和电动机故障，风机与电动机之间的故障通过刚性联轴器相互传递，因此，各监测传感器所检测到的信号为风机与电动机故障的叠加；按故障性质分包括机械故障和电气故障，机械故障与电气故障之间通过电动机的气隙磁场实现机电耦合，机械故障在电动机定子电流的谐波特征上表现出故障特征，同时，电动机的电气故障也会在转子振动频谱上表现出来。风机与电动机的机械故障包括转子不平衡、不对中、转轴弯曲、支座松动、横向裂纹、碰摩、滚动轴承故障等，电动机的电气故障包括定子绕组故障、转子断条、气隙偏心等故障。

根据排烟风机故障的典型特征，选择常用的监测参数有：振动加速度、振动速度、振动位移、旋转速度、轴承温度、电动机电流等工艺参数，在具体应用时针对具体的监测对象选择适当的监测参数。

（1）振动测量参数的选择。振动量是排烟风机检测的一个重要标准，已经形成了比较完善的检测与故障诊断体系。其检测参量有振动加速度、振动速度和振动位移。具体传感器类型的选择可根据具体监测对象振动信号的频率特征并参照如下规则来选择：振动信号频率在 1～10Hz 范围选择振动位移传感器；信号频率在 10～1000Hz 选择振动速度传感器；信号频率大于 1000Hz 选择振动加速度传感器。振动量测量传感器安装位置：在电动机轴承座和风动机轴承座的水平、垂直 2 个方向安装振动传感器。根据振动信号，提取振动特征，诊断系统故障。

（2）轴振动位移。根据轴振动位移形成的轴心轨迹是判断转轴实际振动的重要依据，在靠近旋转机械支撑轴承座内侧与轴心倾角互成 90°安装电涡流非接触式位移传感器，监测轴振动位移，根据轴心轨迹判断故障。

（3）温度信号。轴承温度是直接反映轴承故障的重要参数，作为判断轴承故障的一个重要参数，直接关系到润滑油与冷却水的控制。一般在电动机和旋转机械两端轴承安装温度传感器。温度传感器采用一体化的热电偶温度传感器，其信号为标准的电压或电流信号。

（4）转速及键相。振动信号的故障诊断通常需要幅值与相位信息，信号的整周期采集也需要采用键相信号启动采样，因此，需要键相与转速检测传感器，作为启动采样和转速的参数。

键相传感器安装位置：在转轴或联轴器上焊接一个凸起的小金属块，或者在转轴或联轴器上加工一个小凹槽，其宽度为10mm，高度（或深度）为2mm，长度为20mm。电涡流传感器安装时正对着该槽，传感器表面与轴表面和键槽之间缝隙距离为2mm，当键槽旋转至传感器时，将产生一个上升或下降的脉冲波形。

（5）电流信号。分析电动机电流信号是电动机故障诊断的典型方法，对转子断条、短路、转子偏心、定子线圈短路等故障有很好的分析效果。电流信息的采集可通过在电动机动力线上安装电流互感器来获得。

（6）其余工艺参数。其余工艺参数有流量、进出口风压和风温、冷却水进出口温度等。

压电式加速度传感器利用压电晶体作为振动感受元件测量加速度。这种传感器相对于速度传感器而言，频响性能好，频响范围宽，可以从0.2~20kHz（而速度传感器性能较好的最小也只能检测到4.5Hz），体积小，重量轻，灵敏度高，动态范围宽，可靠性高，寿命长，安装方便，适合于复杂工作条件下大型设备的振动测量。因此选用美国朗斯公司生产的LC01系列一体化压电加速度传感器，用于实时监测4个轴承座的8个测点的综合振幅。在风机系统中，虽然风机转速不高，但是全部封闭在钢式壳体中，一般通过在轴承座垂直方向和水平方向安装振动加速度传感器来获得经轴传过来的排烟风机振动信号。每台风机系统的4个测点如图7-1中的两个轴承处的垂直方向和水平方向。从风机示意图也可以看出，从传感器所测到的信号中，不仅包含了风机叶片、转轴、电动机、联轴器、轴承、机座等有用振动信号，而且也包含了大量的各种噪声和干扰。

7.2 微机集中监测式与 DSP 分布式监测系统硬件设计

7.2.1 微机集中监测与故障诊断系统

本书作者所在研究团队在分析排烟风机故障机理的基础上，结合排烟风机现场应用，自主研制了风机运行状态微机实时监测与故障诊断系统 RMMD03，并成功应用于中国铝业公司氧化铝烧结回转窑排烟风机。该系统将各传感器信号通过信号电缆集中到监控室信号处理仪器、抗混滤波器和 PCI 信号采集卡，采用工控计算机实现信号采集、分析与故障诊断。系统结构框图如图 7-2 所示。

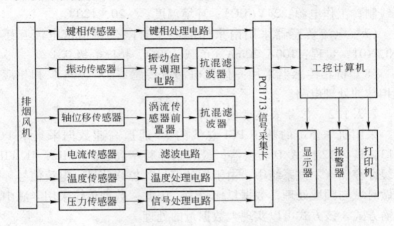

图 7-2　微机集中监测系统结构框图

7.2.1.1　传感器的选择

（1）电涡流位移传感器采用广州精信仪表公司一体化电涡流传感器 JX70-02-C，量程：2mm，频率响应：0 ~ 10kHz，输出信号：4 ~20mA，工作温度：−50 ~ +120℃，供电电源：+18 ~ +30V（DC）。

（2）振动传感器采用朗斯测试技术有限公司的内装 IC 集成压电加速度传感器 LC0160，量程：50g，灵敏度：100mV/g，频率范围：0.5 ~6kHz。

（3）振动传感器电源供电与信号调理器采用朗斯测试技术有限公司的 LC02018 通道，下限频率：0.01Hz，上限频率：30kHz，精度：0.5%。

（4）抗混滤波器采用朗斯测试技术有限公司的 LC1201，8 通道，四挡增益设置：0.1、1、10、100，截至频率：10、20、50、100、200、500、1k、2k、5k、10k、20k，过渡带衰减不小于 140dB/OCT。

（5）温度传感器采用 Pt100 铠装铂电阻温度传感器，精度等级 B 级。

（6）温度变送器模块采用 SBWZ2461，温度范围：0 ~ 1800℃；所配传感器：Cu50、Pt100、J、E、K、S、B；输出信号：4 ~ 20mA 二线制；工作电源：24V（DC）；环境温度：− 20 ~ 120℃。

（7）电流传感器采用南京储能电子有限公司精密电流互感器 CNCT101，量程：100A/20mA，负载：20Ω，精度等级 0.1 级。

（8）键相传感器采用一体化电涡流传感器 JX70-04-C 和相应的键相脉冲处理电路。

7.2.1.2　信号采集卡的选择

采用研华公司的基于 PCI 总线的 32 通道高速数据采集卡 PCI-1713，具有 12 位 A/D 转换器，最大采样频率高达 100kHz，4K FIFO 双缓冲存储区。该系统中，由于振动信号、位移信号、电流信号等需要做时域与频域处理，数据量比较大，因此，数据传输采用半满中断传输方式，该方式可以实现大数据量的处理。

7.2.2　DSP 分布式实时监测与故障诊断系统

由于现场传感器与监控室信号处理仪器之间距离较远，传感器数量较多，振动信号导线需采用专用的屏蔽电缆，信号导线的数量众多且距离较远给布线带来很大的困难，因此，在微机实时监测与故障诊断系统 RMMD03 的基础上，研究开发了信号处理电路高度集成的基于 DSP 的分布式排烟风机运行状态监测与故障诊断系统 RMMD05。该系统能实现信号采集、分析与简易故障诊断，实时监测运行状态，并通过总线将数据传输至监控服务器进行状态显示、数据管理与精密故障诊断分析，有效地防止故障的发生，确保旋转机械长周期安全、可靠、有效地运行，具有重大的经济效益和现实意义。监测系统硬件结构框图如图 7-3 所示。

监测系统采用 TMS320VC5402 芯片为核心。C5402 是 TI 公司推出的一款定点 DSP，采用增强型哈佛结构，程序和数据分开存放，内部具有 8 组总线（1 组程序存储器总线、3 组数据存储器总线、4 组地址总线）。该 DSP 集成了片内存储器、片内外围设

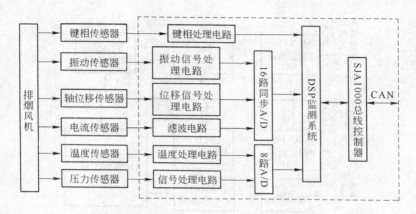

图 7-3 DSP 分布式监测系统的硬件系统框图

备及专用硬件逻辑的 CPU，并配备功能强大的指令系统，因此具有很高的处理速度，最大运算能力为 100MIPS。加上采用模块化设计及先进的集成电路技术，芯片功耗小、成本低，自推出以来广泛地应用在诸多领域，特别是在通信与语音信号处理领域。

监测系统由基本 DSP 系统、振动信号调理电路、键相与过程量信号处理电路三部分组成。

7.2.2.1 DSP 基本检测系统

DSP 系统由 C5402 和外围扩展部件组成。外围扩展电路包括 FLASH 程序 RAM、数据 RAM 以及逻辑器件 CPLD 等。DSP 基本系统如图 7-4 所示。

7.2.2.2 CPLD 逻辑电路

CPLD 将传统的需要十多片集成芯片才能实现的复杂逻辑功能集中于一片器件中，确保了装置小型化和嵌入式，使之能够与设备融为一体，实现机械设备的信息化、智能化，并实现设备全寿命周期的状态监控与诊断。

CPLD 提供 DSP 与外部芯片的接口与控制信号，包括信号处理电路的程控放大、滤波控制、高速 A/D、低速 A/D 的通道控制、A/D 采样脉冲产生电路、DSP 端口译码及控制逻辑等模块。

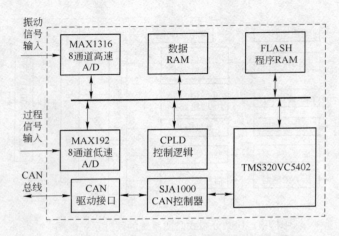

图 7-4　DSP 基本系统框图

7.2.2.3　振动信号调理电路

信号调理电路由积分电路、信号程控放大电路、信号滤波电路、抗混滤波电路组成。其电路结构框图如图 7-5 所示。

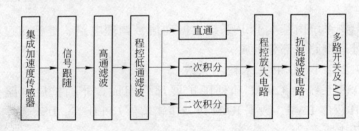

图 7-5　加速度信号处理电路结构框图

（1）积分电路。当检测信号为加速度信号时，经过一次积分电路可以获得相应的速度信号，再通过一次积分电路可以获得位移信号，在旋转机械振动国际标准中，通常是给出机械振动的烈度标准（即速度有效值），因此，通常需要将加速度信号转换为速度信号，再根据振动烈度标准进行判断。而在工厂现场巡检与维护中，现场工人通常是根据振动位移的峰峰值来判断机械振动状况，因此，在监测人机界面需要提供位移值。积分电路如图 7-6 所示。积分选择电路由模拟开关 CD4051 三选一模拟开关进行选择，由 DSP 通过 CPLD 进行逻辑选择。

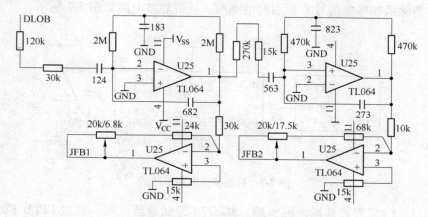

图 7-6 积分电路原理图

（2）放大电路。放大电路主要包括电压基准和放大电路两个部分。电压基准部分采用 TI 公司的恒流源芯片 REF200，经过转化设置成两个电压基准（50mV、1V）。放大电路部分分为放大倍数获取及信号放大实现部分。在本系统中采用 PGA207 来实现信号的放大。PGA207 是放大倍数可控芯片，通过设定 A0、A1 电平共可实现放大倍数为 1、2、5、10 的四个档次放大。输入信号与两个电压基准在电压比较芯片 Max901 中进行比较，输出电平送与 CPLD，CPLD 经过逻辑运算得出放大倍数控制参数，控制 PGA207 的 A0、A1 口。

（3）抗混滤波电路。根据采样定理可知，在对信号进行采样时，当采样频率 f_s 不够高时将会出现镜像畸变。为了避免镜像畸变，需要选择符合采样定理要求的采样频率。但是，实际上信号谱并不是矩形截止的，同时由于时域有限，高频分量不可避免，所以在处理信号之前常用抗混滤波器来抑制大于 $0.5f_s$ 的信号频率。采用 Max293 八阶低通椭圆型开关电容滤波器，截止频率范围为 0.1～25kHz 可调，Max293 具有锐变倾斜边缘和 −80dB 衰减率，通过外接时钟频率控制滤波器的转折频率，其输入来自信号调理板的模拟信号输出端口，CLK 来自经 CPLD 分频得到的 CLOCKOUT 输出端口。由于 Max293 抗混滤波存在共振现象，为了滤去该"高频干扰"，在设计抗混滤波电路时，在 Max293 滤波电路之后，设计了低通滤波电路（Max270），消除采样频率信号 f_c 所引起的噪声。抗混滤波电路如图 7-7 所示。

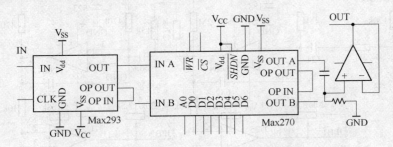

图 7-7　抗混滤波电路原理图

（4）程控低通滤波电路。Max270 为低通滤波器，通过 CPLD 控制 D0 ~ D6，设置低通滤波截止频率（1 ~ 25kHz），从而达到低通滤波的功能。

（5）A/D 采样电路。8 通道振动模拟信号高速采集模块对高速信号处理与抗混滤波输出的模拟信号由高速采集芯片 Max1316 进行采样，用于采集高速高精度的振动信号、位移信号和电流信号，而 8 通道低速过程量检测信号对过程量信号处理电路输出的模拟信号由低速采集芯片 Max192 进行采样，用于采集如温度、压力等低速过程量信号，信号采集采用整周期采样，由键相脉冲启动，并由 CPLD 产生采样脉冲。

7.2.2.4　键相及过程量信号处理电路

（1）键相信号调理电路。键相信号经斯密特整形后接入 DSP 的 INT1 脚，由 DSP 定时器 T1 测量转速周期，获得转速。根据测得的转速设定振动信号整周期采样频率以及抗混滤波截止频率，保证振动信号的整周期采样。键相信号处理电路如图 7-8 所示。

（2）过程量信号调理电路。过程量为缓变信号，其信号处理

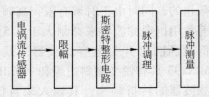

图 7-8　键相信号处理电路框图

只需要进行简单的信号处理，硬件电路主要由信号跟随电路、放大电路和低通滤波电路组成，软件上采用均值法进行处理。

7.2.2.5 CAN 总线接口电路

CAN 总线是应用最广泛的现场总线之一。CAN 总线控制器将来自 CPU 的并行数据按照 CAN 总线协议转发出去，同时也按照 CAN 总线协议接收来自外部的总线数据。在设计中，采用 PHILIPS 公司的 SJA1000 独立 CAN 总线控制器，由于 SJA1000 的 TX、RX 为 TTI 电平标准，无法直接与 CAN 总线相接，所以必须经过接口转换，采用 PHILIPS 公司的 PCA82C250，提供到物理总线的差分传输和到 CAN 总线控制器的差分接收能力。同时考虑总线脉冲干扰，采用高速光隔 6N137 实现光电隔离。

7.2.2.6 网络化监测系统构成

在化工、冶金、矿山等企业中，大型旋转机械数量众多，采用分布式现场监测系统对每台机组进行监测，既可以实现现场监测、诊断与报警，也可以减少布线、节约系统成本，同时通过网络化，由监控站服务器采用提升小波信号分析算法、信息融合理论和模式识别算法实现故障精密诊断。现场分布式监测系统通过 CAN 总线构成监测网络，与控制室的服务器相连，由服务器进行集中显示、数据保存与精密诊断。

上位机选用 IBM-PC 机，通过 CAN 总线计算机接口卡实现总线的连接，同时，监测数据通过以太网实现共享，其管理机构和远程诊断专家可在网络上浏览、查看和分析系统运行状态，诊断专家可在网络上实现远程故障诊断。系统的构成如图 7-9 所示。

7.2.2.7 集成电路系统设计

DSP 分布式监测系统由三块电路板组成。第一块电路以 DSP 分布式监测系统主电路为核心，包括 DSP 基本扩展电路，如程序 RAM、数据 RAM、CPLD、高速 A/D 以及低速 A/D 模块。第二块电路为振动信号处理电路，主要体现在高频信号的积分电路、程控放大和抗混滤波。第三块电路为过程量信号处理电路，包括温度、键相等信号处理电路。

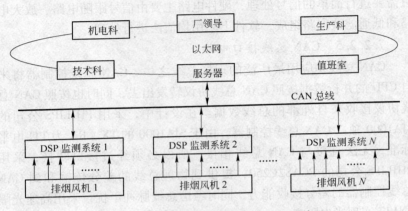

图 7-9 基于 CAN 总线的网络化监测系统

7.3 排烟风机监测与故障诊断系统软件设计

7.3.1 微机集中监测系统数据采集软件设计

微机监测系统数据采集通过计算机与 PCI 采集卡协调控制数据采集和数据传输。数据采样由数据采集卡上的定时时钟以一定频率触发采样，由采集卡控制电路控制多个通道的循环采样，采样数据存储在卡上的 FIFO 双缓冲区中，在缓冲区半满时向 CPU 发送中断请求。CPU 接收到中断请求后，响应中断请求，将卡上缓冲区中的数据读至计算机内存。数据采集框图如图 7-10 所示。

（1）触发方式。PCI-1713 有三种触发方式：软件触发、内部定时触发、外部触发。

1）软件触发通过设置控制字［BASE + 6］= 1；向［BASE + 0］写入任何数将触发一次 A/D 转换，读数据从地址［BASE + 0］、［BASE + 1］单元读出 12 位 A/D 转换数据。

2）内部定时触发是由内部定时器定时触发 A/D 转换，不需每次都由计算机来触发 A/D，并以缓冲区半满或全满向计算机发送中断传送数据。通过设置控制字［BASE + 6］= 2，半满中断；［BASE + 6］= 34，全满中断；在定时器 1 和定时器 2 串联组成 32 位定时器中设置采样频率，即在控制字［BASE + 24］、［BASE + 26］中设置采样

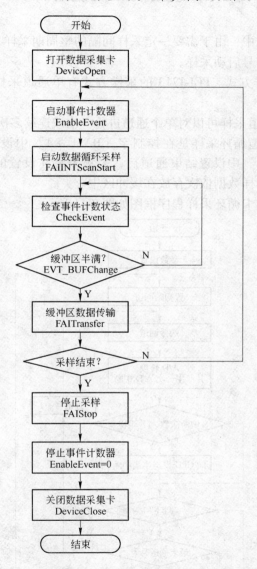

图 7-10 PCI 数据采集软件框图

频率。

3）外部触发是由外部电平触发 A/D 转换，设置［BASE + 6］= 4

实现。

　　在该系统中，由于需要一定采样间隔的整周期采样，由计算机根据键相脉冲信号启动采样。

　　（2）采样方式。PCI-1713 的采样方式有单通道采样和多通道循环采样。

　　1）单通道采样可以对单个通道进行一次或连续多次采样。

　　2）多通道循环采样是在控制字［BASE + 4］中设置起始通道，在［BASE + 5］中设置结束通道后，采集卡将在设置的通道中自动循环采样，采样数据依次存放在缓冲区中。

　　数据采集卡循环采样程序框图如图 7-11 所示。

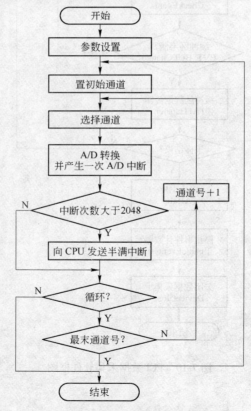

图 7-11　PCI 循环采样程序框图

该系统中，同类型的传感器设置为相邻的通道，进行批次连续多通道循环采样，不同类型信号以不同频率、不同数据量进行采集。如1~8号通道为振动加速度，采样频率为5kHz；9、10号通道为轴位移，采样频率为1kHz；11、12号通道为轴承温度，采样频率为10Hz；13~15号通道为电动机电流，采样频率为500Hz；16号通道为风压，采样频率为500Hz。

（3）数据传输方式：PCI-1713采集卡上具有4K字FIFO数据缓存区，可以进行单点采集，也可以在缓冲区全满的时候向微机发送中断进行单面数据采集，还可以在双缓冲区半满的时候以循环方式进行轮循数据采集。轮循方式中，卡上的4K FIFO分为两个部分，构成一个循环缓冲区。数据采集卡接收到计算机的循环命令后，开始对各通道循环采样并存储到FIFO的第一部分；当缓冲区半满（即第一部分FIFO满）时，向计算机发送中断请求，同时将采样数据存储到第二部分FIFO；计算机接收到中断请求信号后将缓冲区数据取出来；当第二部分FIFO存满后又产生半满中断，同时将数据存储到第一部分FIFO；依次循环，从而实现连续高速数据采集和实时传输。

7.3.2　DSP分布式监测系统软件设计

监测系统包含信号采集子系统、信号处理子系统和通讯子系统。其中，信号采集子系统采集信号的类型包括振动加速度、振动速度、位移、电流、温度、风压等，不同频率信号采用不同的采集频率以及不同的采样数据量。振动信号根据键相信号采用整周期采样，因此，采集通道采样设置采用DSP通过CPLD逻辑控制。DSP分布式监测系统软件框图如图7-12所示。

（1）采样通道与采样频率的设置。根据监测参数选择合适的传感器，同类型的传感器设置为相邻的通道，进行批次采样，不同类型信号以不同频率、不同数据量进行采集。如1~4号通道为振动速度，采样频率为5kHz；5、6号通道为轴位移，采样频率为1kHz；7、8号通道为轴承温度，采样频率为10Hz；9~11号通道为电动机电流，采样频率为500Hz；12号通道为风压，采样频率

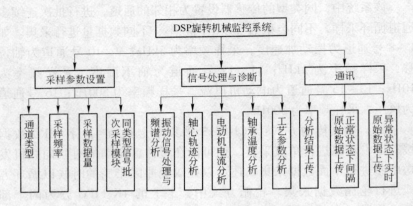

图 7-12　DSP 分布式监测系统软件框图

为 500Hz。

（2）信号预处理与分析程序。对不同类型的信号采用不同的预处理和分析算法，并进行批次信号处理，如振动加速度、速度、位移、电流信号选择相应的滤波器参数进行数字滤波，并计算时域指标（有效值、峰峰值、峰值指标、峭度指标、方差），根据短时傅里叶变换算法提取特征信息（$0.1 \sim 0.49f_n$、$0.5f_n$、$0.51f_n \sim 0.99f_n$、$1 \times f_n$、$2 \times f_n$、$3 \times f_n$、$4 \times f_n$、$5 \times f_n$ 以及滚动轴承特征频率和系统固有频率，f_n 为旋转工频），判断运行状态，如有故障则报警。对温度等缓变信号低通滤波后，采用多值平均法进行统计分析，并阈值比较与报警。

（3）通讯子程序。通讯模块实时将分析结果发送到上位机。如果系统状态正常，则实时将分析结果上传至上位机，并以一定间隔周期发送原始数据至上位机进行动态显示和精密诊断；如果系统状态异常则每次均将原始数据发送至上位机；当下位机简易诊断为状态正常而上位机精密诊断状态异常，则上位机请求下位机发送原始数据进行精密诊断。

（4）键相周期计算。由键相脉冲信号触发 DSP 中断 INT1，DSP 计数器开始计数；当中断 INT1 再次触发中断时，停止计数，该计数值即为旋转周期，作为整周期采样的时间。整周期采样时，以键相脉冲信号作为同步采样 A/D 的触发信号，采样频率和采样数据量根据该周期来进行设置。键相与周期处理程序框图如图7-13所示。

（5）CAN 总线通讯。在 DSP 监测系统模块中采用 CAN 总线实现与计算机系统的通讯，通过扩展 SJA1000 CAN 通讯控制器、CAN 收发器以及光电隔离实现 DSP 的 CAN 总线接口。系统上电后，初始化 SJA1000，设置 SJA1000 工作在基本 CAN 模式，通讯速率为 500kB ~ 1MB/s，打开接收中断标志，设置 SJA1000 进入工作模式。DSP 通过中断接收方式接收到命令信息，将缓冲区内的数据读入内存，在定时中断程序中把监测信息发送给计算机。CAN 总线通讯发送处理框图如图 7-14 所示，CAN 接收中断处理框图如图 7-15所示。

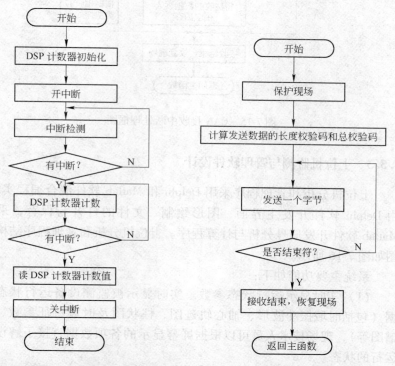

图 7-13　键相与周期处理程序框图　　图 7-14　CAN 总线通讯发送处理框图

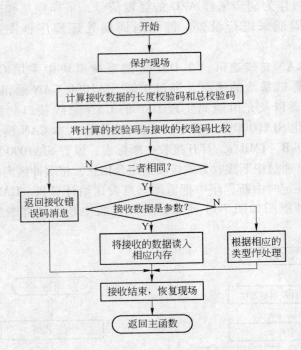

图 7-15　CAN 接收中断处理框图

7.3.3　上位机监测与管理软件设计

上位机分析和管理程序采用 Delphi 和 Matlab 软件混合编程实现，由 Delphi 软件开发主界面、图形绘制、文件的打开与保存，采用 Matlab 软件开发信号分析与计算程序。上位机分析和管理程序结构框图如图 7-16 所示。

系统主要功能如下：

（1）实时显示运行状态参数。实时显示被监测设备运行状态数据（包括时域振动波形、轴心轨迹图、柱状图及时域特征参数、频谱图等），现场技术人员可以根据屏幕显示的各项数据直接了解设备运行的状态。

（2）历史数据查询。将整个监测周期的数据存入历史数据库，

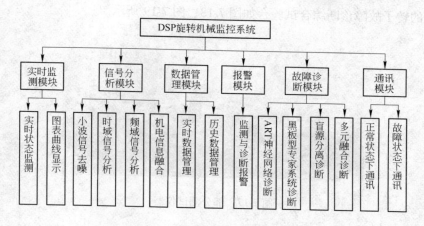

图 7-16　软件系统结构框图

可以查阅和分析历史数据，通过对历史数据的比较，了解设备的变化趋势，便于技术人员对设备状态进行分析与故障诊断。

（3）数据分析与故障诊断。上位机充分利用其计算和分析的特点，对信号采用先进算法进行处理（提升小波信号降噪和小波频谱特征提取、多传感器的信息融合、多个故障混合情况下的盲源信号分离、ART神经网络故障诊断以及多专家系统的机电信息融合），提高系统的精密诊断能力。

（4）通讯模块。上位机接收下位机传送的实时分析数据，当上位机诊断出有异常时，请求下位机上传实时原始采样数据。

7.4　系统调试与现场应用实例

7.4.1　系统分析、设计与调试

研发过程中，使用信号发生器、激振实验台、信号调理器等测试仪器，在自制旋转机械转子试验台以及美国 Spectra Quest 转子故障诊断综合试验台上，进行了多种条件和环境下的测试与试验。如利用激振台作为激励源测试传感器与信号处理电路的特性，采用转子故障诊断综合试验台测试典型故障，并利用所研究的故障诊断方法分析所得信号。在开发过程中所使用的部分测试仪器如图 7-17 所示，所利用

的转子故障诊断综合试验台如图 7-18、图 7-19 所示。

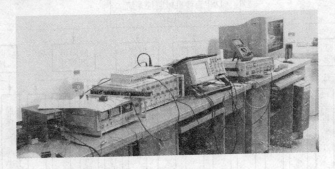

图 7-17　部分测试仪器

图 7-18　转子故障诊断综合试验台

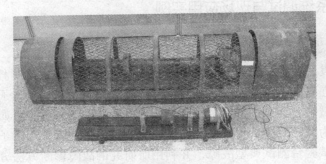

图 7-19　自制旋转机械转子试验台

在系统开发与实验室调试中，针对排烟风机监测与故障诊断硬件设计、信号处理、报警分析、故障诊断等进行了详细的研究分析。

（1）根据排烟风机结构特点，建立排烟风机力学模型如图 7-20 所示。

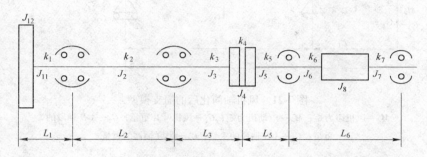

图 7-20　排烟风机力学模型
k—扭转刚度；J—转动惯量；L—长度

根据排烟风机力学模型，可求得风机各部件的转动惯量和扭转刚度。

转动惯量：

叶轮转动惯量　$J_{12} = 1756\text{kg} \cdot \text{m}^2$

叶轮轴 11 段的转动惯量　$J_{11} = 0.58\text{kg} \cdot \text{m}^2$

轴跨间段的转动惯量　$J_2 = 2.418\text{kg} \cdot \text{m}^2$

联轴器左轴段转动惯量　$J_3 = 0.251\text{kg} \cdot \text{m}^2$

联轴器转动惯量　$J_4 = 10.96\text{kg} \cdot \text{m}^2$

联轴器右端至电机左轴承中心的转动惯量　$J_5 = 0.0286\text{kg} \cdot \text{m}^2$

电动机转动惯量　$J_8 = 34\text{kg} \cdot \text{m}^2$

扭转刚度：

$$k_1 = 18.12 \times 10^6 \text{N} \cdot \text{m}, \quad k_2 = 17.77 \times 10^6 \text{N} \cdot \text{m},$$

$$k_3 = 18.12 \times 10^6 \text{N} \cdot \text{m}, \quad k_4 = 1.5 \times 10^6 \text{N} \cdot \text{m},$$

$$k_5 = 8.98 \times 10^6 \text{N} \cdot \text{m}, \quad k_6 = 1.63 \times 10^6 \text{N} \cdot \text{m},$$

$$k_7 = 2.47 \times 10^6 \text{N} \cdot \text{m}$$

对风机系统模型进一步简化,如图 7-21 所示。

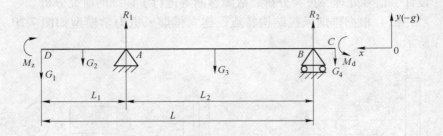

图 7-21　风机轴简化后的简支模型

M_z—风机阻力矩;M_d—电动机力矩;G_1—风机叶片重量;G_2—A-D 轴段的
重量;G_3—A-B 轴段的重量;G_4—半联轴器的重量

利用简支模型可求得各部件的弯曲与扭转固有频率:风机轴的临界转速 $f_c = 419.2\text{Hz}$;叶轮弯曲自振固有频率 $f_n = 67.33\text{Hz}$;扭转激振扭转基频为 $\omega_{\theta 0} = 5.34\text{Hz}$。

(2)对传感器特性进行标定。对加速度传感器、位移传感器、电流传感器、温度传感器以及压力传感器的非线性特性、测量精度、响应频率和幅值衰减进行了检验与标定,并对其性能进行了测试和分析,为系统故障频率和特征的分析与故障诊断提供了可靠的基础。为了保证系统的测量精度,必须对传感器检测精度、A/D 采集精度、系统计算精度进行综合考虑。

(3)建立了传感器、信号传输、信号处理电路等效电路的数学模型,并采用 Matlab 对系统进行了动态分析和幅频特性仿真,并通过实验测试检验了系统动态性能,避免传输线路和系统硬件电路对信号产生额外的衰减和失真,同时检验系统去噪滤波与抗混性能。

(4)计算与检测了加速度信号电缆长度为 100m 时的阻容特性,以及长距离传输电缆对电压传输信号的阻抗特性和频率特性,为信号补偿与修正提供计算依据。图 7-22 为加速度传感器及信号传输与调理等效电路。

(5)模拟现场故障和长距离信号传输,对信号滤波电路、放大电路进行了调节,并对采样频率、采样数据量以及信号处理参数进行

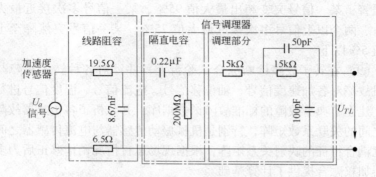

图 7-22　加速度传感器及信号传输与调理等效电路

了测试与分析，从而合理地设置系统参数：高通截止频率、程控滤波器截止频率、程控放大器放大倍数、抗混滤波器截止频率。

（6）在风机现场，为了加固风机机壳的稳定性，在电动机与轴承座的基座上焊接了两根支撑钢条固定机壳。由于排烟管道与机壳振动较大且传递到基座，因此，造成轴承座的振动信号发生周期性的跳变，且靠近风机侧的信号跳变越大，为了识别和剔除跳变干扰，通过软件分析识别跳变干扰并还原信号。

（7）由于风机监测室距离风机现场距离有 70m，而且风机现场的地电位较高，风机现场与监控室地电位之差达到 42mV，且动态变化，相对加速度信号来说是一个很大的干扰环节，因此，在信号处理中需要采取合适的接地措施和抗干扰措施，对信号传输采取在控制室端严格的单端接地，传感器与现场轴承座和电动机绝缘安装，信号电缆采取屏蔽电缆，并与电源线隔开布线。

（8）设计了预报警、突变异常报警、信号渐变报警和紧急报警四级报警方案，为启动故障诊断策略和保障系统安全运行提高了可靠保证。按照国际标准和生产厂家给定的检测标准以及系统运行经验设置系统紧急报警阈值，预报警阈值设置为紧急报警阈值的 75%。信号渐变报警包括日平均增量报警和周平均增量报警，首先计算上周增量幅值，如果本周增量超过上周增量 150%，说明整体运行状态劣化，则报警，日增量报警类似于周增量报警。突变异常报警分四种条件报警：某一信号突变超出最大值 95%、某一信号多次接近最大值 85%、两个以上信号多次接近最大值 75%、某一信号突然降至上次幅值 5% 以下。

（9）在转子故障诊断综合试验台上，并针对各种转子故障与电动机故障对各加速度信号、轴位移信号、电流信号、温度信号进行检测，建立了典型故障的标准故障谱数据库，并分析了各传感器故障诊断之间的关联系数矩阵，特别是机械振动传感器与电流传感器之间的相互耦合特征的映射关系矩阵，根据现场运行情况稍作修正后为多传感器加权融合提供了计算基础。

（10）在系统管理软件中，开发了故障标准库管理子系统，在转子故障实验台上针对典型故障分析了故障特征以及各传感器之间的故障关联矩阵，并建立了故障标准库。在风机现场运行中，根据运行情况可以对故障库进行修改，并可对新的故障形式并行分析，增加新的故障类型，并添加到标准故障库中。

7.4.2　现场应用实例

排烟风机运行状态监测与故障诊断系统自研发以来，已开发了微机集中监测系统与 DSP 分布式监测系统两种版本，并广泛应用于多个风机监测现场，如中国铝业公司氧化铝厂排烟风机微机集中监测、湘潭金鼎建材有限公司排烟风机集中监控、凡口铅锌矿压风机分布式网络化监测等。

（1）传感器现场安装。在风机监测系统现场传感器安装中，轴心轨迹的测量采用角钢在安装底板上焊接两个位移传感器安装支柱，一个安装在轴中心线水平位置，检测轴振动水平位移，另一个安装在轴中心线下端垂直位置，检测轴振动垂直位移，其安装如图 7-23 所示。加速度传感器安装在轴承座的水平与垂直位置，检测轴承座水平振动和垂直振动，其安装如图 7-24 所示。温度传感器安装在轴承座上端轴承油温检测口，传感器现场安装如图 7-25 所示。交流电动机三相电流传感器安装在动力柜电缆上，采用钳式电流互感器进行检测。控制室微机集中监测式控制柜安装了信号调理器、抗混滤波器、信号采集器、稳压电源、工控计算机，控制柜仪器布局如图 7-26 所示。

图 7-23 电涡流位移传感器安装图

图 7-24 加速度与温度传感器安装图

（2）长城铝业公司 4 号氧化铝烧结窑的 6、7 号排烟风机的微机集中监测与故障诊断系统运行界面如图 7-27 所示。

（3）凡口铅锌矿主矿井 6 台压风机组的 DSP 分布式网络化压风机监测系统主界面如图 7-28 所示。该系统中每台风机采用分布式

图 7-25 传感器现场安装图

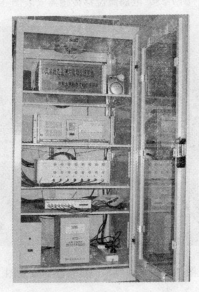

图 7-26 控制柜仪器布局图

DSP 监测系统进行监测，主计算机通过 RS485 网络对 6 台风机进行管理与故障诊断。

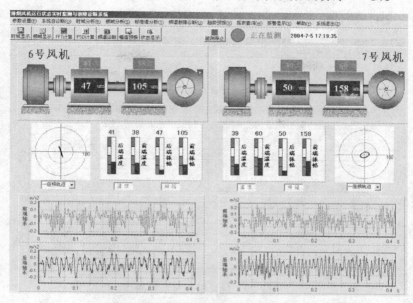

图 7-27 监测系统主界面

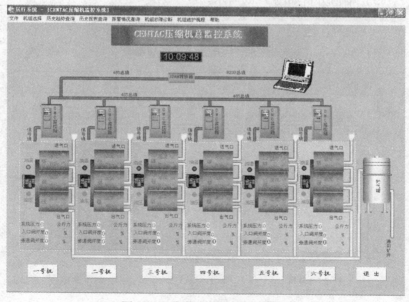

图 7-28 分布式监测系统主界面

（4）统计报表显示如图 7-29 所示。

查询日期： 2004-7-6 ～ 2004-7-7

排烟风机运行状态查询报表

制表日期： 2004-7-7

时间	6#风机前端轴承			6#风机后端轴承			8#风机转子		7#风机前端轴承			7#风机后端轴承			7#风机转子	
	水平	垂直	温度	水平	垂直	温度	水平	垂直	水平	垂直	温度	水平	垂直	温度	水平	垂直
2004-7-6-21	41	18	37	14	18	36	29	18	69	115	52	13	6	34	16	10
2004-7-7-0	41	15	38	15	15	33	26	19	88	24	45	16	10	31	21	10
2004-7-7-2	35	13	38	12	13	33	29	18	66	19	45	15	5	30	20	10
2004-7-7-4	38	20	38	19	20	32	29	18	72	24	44	14	9	30	22	10
2004-7-7-6	36	12	38	14	12	33	28	18	70	21	44	18	7	30	22	10
2004-7-7-8	38	17	42	14	17	35	25	18	87	124	48	13	8	33	19	9
2004-7-7-2	35	13	38	12	13	33	29	18	66	19	45	15	5	30	20	10
2004-7-7-12	31	14	45	10		39	21	18	60	56	52	13	8	40	19	8
2004-7-7-2	35	13	38	12	13	33	29	18	66	19	45	15	5	30	20	10
2004-7-7-2	35	13	38	12	13	33	29	18	66	19	45	15	5	30	20	10
2004-7-7-18	30	15	44	14	15	38	23	18	56	17	53	13	6	39	18	9

图 7-29 统计报表显示界面

（5）幅值分析如图 7-30 所示。

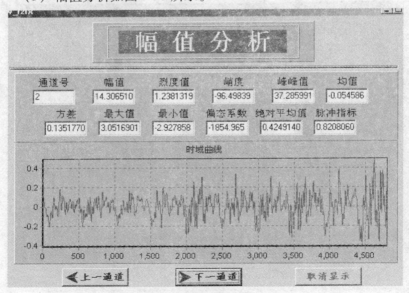

图 7-30 幅值分析显示界面

（6）频域分析及频域特征值及频谱显示如图7-31所示。

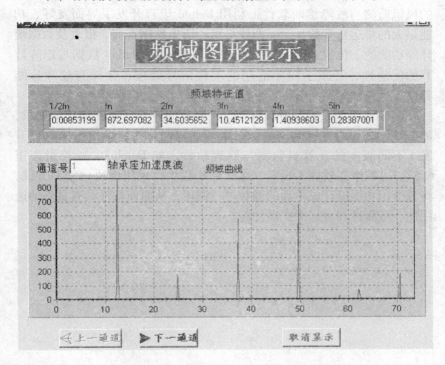

图7-31 频域分析及频谱显示界面

7.5 本章小结

（1）根据排烟风机运行机理与多传感器多层次信息融合故障诊断方法，开发了排烟风机运行状态监测与故障诊断微机集中监测系统和DSP分布式监测系统两种版本。两种系统均已成功应用于多个企业风机监测现场，实现了风机状态实时监测与故障诊断。

（2）针对风机现场外部因素引起的附加振动（如回转窑引起风机基座振动）、异步电动机引起的电磁干扰、地电位过高且波动较大以及具体应用个例中遇到的干扰因素，从硬件上采取仪表端共地、屏蔽电缆传输、高通、低通、抗混滤波，在软件上采取突变干扰信号识别等抗干扰措施。

（3）在故障诊断系统研发中，开发了基于 Delphi 与 Matlab 语言的风机监测与故障诊断软件，利用 Delphi 语言开发了界面友好、功能强大的集运行参数显示、曲线显示、历史数据查询、报表及数据统计等功能的上位机监测与管理程序；充分发挥 Matlab 数据与矩阵计算的优越性，开发了简单适用的现代信号处理、分析与故障诊断程序。

（4）在系统改善与升级方面，针对不同企业信息网络化的要求，如 ERP、公司内部控制网络、以太网远程网络等，采用不同软件开发了不同版本的计算机监测与管理软件，如 Delphi7、亚控组态王6.52、力控组态软件3.6 等，在软件编程中，采用模块化编程方式，将各个子功能设计成单独的函数进行调用，从而使软件具有良好的通用性、可靠性和更好的扩展性能。

参 考 文 献

［1］ 徐敏. 设备故障诊断手册——机械设备状态监测与故障诊断［M］. 西安：西安交通大学出版社，1998.

［2］ 虞和济，韩庆大，李沈，等. 设备故障诊断工程［M］. 北京：冶金工业出版社，2001.

［3］ 钟秉林，黄仁. 机械故障诊断学［M］. 北京：机械工业出版社，1997.

［4］ 屈梁生，何正嘉. 机械故障诊断学［M］. 上海：上海科学技术出版社，1986.

［5］ 盛兆顺，尹琦岭. 设备状态监测与故障诊断技术及应用［M］. 北京：化学工业出版社，2003.

［6］ 何正嘉，訾艳阳，孟庆丰，等. 机械设备非平稳信号的故障诊断原理及应用［M］. 北京：高等教育出版社，2001.

［7］ Sohre J. Fault Causes and Treats of High Turbo-machinery［C］. ASME petrol-machinery Annual Meeting，1968.

［8］ Bently D E，Muszyuska A. Detection of Rotor Cracks［J］. Proc. of the Fifteenth Turbo Machinery Symposium，Texas A&M University，1988，129～136.

［9］ Downham E. Vibration in Rotating Machinery：Malfunction Diagnosis-Art and Science［J］. The First Conf. on Vibration in Rotating Machinery，University of Cambridge，1976，1～6.

［10］ Collacott R A. Mechanical Condition Monitoring and Fault Diagnosis［M］. London：Chapman and Hall，1977.

［11］ McGuire P M，Price D W. The Development and Practical Application of Rotor Dynamic Analysis Techniques for Large Steam Turbine Generators［J］. Int. Conf. Vibration in Rotating Machinery. Heriot-Watt，1988：655～664.

［12］ 白木万博，机械振动讲演文集［M］. 北京：机械工业出版社，1984.

［13］ Isermannn R. Integration of fault detection and diagnosis methods［J］. Preprints IFAC Symposium on Fault Detection，Supervision and Safety for Technical Processes，1994：597～612.

［14］ Linkens D A，Wang H. Fault diagnosis based on a qualitative bond graph model with emphasis of fault localization［J］. Proceeding of IEE International Conference on Control'94，1994：1329～1334.

［15］ Cruz S M A，Cardoso A J M. Rotor cage fault diagnosis in three-phase induction motors by extended park's vector approach［J］. Electric Machines and Power Systems，2000，28（3）：289～299.

［16］ Thomson W T. Theory of Vibration with Application［M］. Prentice-Hall，1972.

［17］ Walker K J，Shirkhodaie A. Development of a virtual environment for fault diagnosis in rotary machinery［J］. Proceedings of the 33rd Southeastern Symposium on System Theory，IEEE，Piscataway，NJ，USA，2001：99～103.

［18］ Tim Toutountzakis，David M. Observations of acoustic emission activity during gear defect diagnosis[J]. NDT & E International, 2003, 36: 471~477.

[19] Al-Balushi K R, Samanta B. Gear fault diagnosis using energy-based features of acoustic emission[J]. Journal of Systems and Control Engineering, 2002, 216(3): 249~263.

[20] Edwards S, Lees A W, Friawell M I. Fault Diagnosis of Rotating Machinery[J]. Shock and Vibration Digest, 1998, 30(1): 4~13.

[21] Tsuchiya M, Takagi M. Vibration and Acoustic Fault Diagnosis of Rotational Machine (Application of Wavelets to Diagnostic System for Rotational Machinery) [J]. 日本机械学会论文集 (C编), 1998-2, 64(618): 465~472.

[22] 史铁林, 杨叔子, 师汉民, 等. 机械设备诊断策略的若干问题探讨[J]. 华中理工大学学报, 1991, 8: 1~8.

[23] 盛兆顺, 尹琦岭. 设备状态检测与故障诊断技术及应用[M]. 北京: 化学工业出版社, 2003.

[24] 何勇, 李增芳. 智能化故障诊断技术的研究与应用[J]. 浙江大学学报, 2003, 29(2): 119~124.

[25] 丁康, 朱小勇, 陈亚华. 齿轮箱典型故障振动特征与诊断策略[J]. 振动与冲击, 2001, 20(3): 7~13.

[26] 高金吉. 高速涡轮机械振动故障机理及诊断方法的研究[D]. 北京: 清华大学, 1993.

[27] 李建国. 转子系统稳定性和非线性以及油膜失稳控制研究[D]. 西安: 西安交通大学, 1992.

[28] 欧阳平超. 风机工况监测与故障诊断研究[D]. 沈阳: 东北大学, 2004.

[29] 陈长征. 旋转机械故障智能诊断方法研究[D]. 徐州: 中国矿业大学, 1998.

[30] 许伯强, 李和明, 孙丽玲, 等. 小波分析应用于笼型异步电动机转子断条在线检测初探[J]. 中国电机工程学报, 2006, 21(11): 24~28.

[31] 刘同明, 夏祖勋, 解洪成. 数据融合技术及其应用[M]. 北京: 国防工业出版社, 1998.

[32] 杨靖宇. 战场数据融合技术[M]. 北京: 兵器工业出版社, 1994.

[33] 滕召胜, 罗隆福, 童调生. 智能检测系统与数据融合[M]. 北京: 机械工业出版社, 2000.

[34] Grossmann P. Multisensor data fusion[J]. GEC Journal of Technology, 1998. 15(1): 27~37.

[35] Waltz E L, Buede M. Data fusion and decision support for commmad and control[J]. IEEE transaction. on system, Man and cybermetics, 1986, 16(6): 865~879.

[36] Waltz E L, Linas J. Multi-sensor data fusion[J]. Artech, Norwood, Masschusstts, 1990: 175~185.

[37] Luo R C, Kay M G. Multi-sensor Integration and fusion in intelligent systems[J]. IEEE Transaction on systems, Man and cybermetics, 1989, 19(5): 901~931.

[38] Luo R C, Michael G. Multisensor integration and fusion for intelligent machines and systems [J]. Norwood N J: Ablex Publishing Corporation, 1995: 1 ~ 19.

[39] Hall D L. Mathematical Techniques in Multi-sensor Data Fusion[J]. Artech House, 1992: 10 ~ 15.

[40] Mamlook R, Thompson W E. A Multi-sensor Fusion Algorithm for Multi-target[J]. Multi-background Classification. SPIE 1992, 1699: 72 ~ 82.

[41] Gorodetsky V, Karsaev O, Samoilov V. Multi-Agent Data and Information Fusion: Architecture, Methodology, Technology and Sotware Tool[J]. Data Fusion for Situation Monitoring, Incident Detection, Alert and Response Management, ISO Press, 2005: 308 ~ 339.

[42] Shi Y, Hu C Z, Tan H M. Multisensor battlefield monitoring system and its signal processing simulation[J]. International Symposium on Test and Measurement, Proceedings, International Academic Publishers, 1997, 6: 474 ~ 477.

[43] 戴箔. C³I 中的多传感器数据融合技术[J]. 兵工学报, 1998, 4: 356 ~ 360.

[44] 赵宗贵, 耿立贤, 孔祥忠. 三军联合作战 C³I 中的数据融合[J]. 现代电子工程, 1993: 16 ~ 26.

[45] 杨杰, 陆正刚, 黄欣. 基于多传感器数据融合的目标识别和跟踪[J]. 上海交通大学学报, 1999, 9: 1107 ~ 1110.

[46] 郁文贤. 多传感器信息融合技术评述[J]. 国防科技大学学报, 1994, 3: 1 ~ 11.

[47] 袁小勇, 屈梁生. 机械故障诊断中的信息融合利用问题研究[J]. 振动、测试与诊断, 1999, 9: 187 ~ 192.

[48] 张彦铎, 姜兴渭. 多传感器信息融合及在智能故障诊断中的应用[J]. 传感器技术, 1999, 2: 18 ~ 22.

[49] 晋风华, 李录平. 多传感器信息融合技术及其在旋转机械振动故障诊断中的应用 [J]. 热力发电, 2004, 5: 45 ~ 48.

[50] 谭逢友, 卢宏伟, 刘成俊, 等. 信息融合技术在机械故障诊断中的应用[J]. 重庆大学学报, 2006, 29(1): 15 ~ 18.

[51] 孙卫祥, 陈进, 伍星, 等. 基于信息融合的支撑座早期松动故障诊断[J]. 上海交通大学学报, 2006, 2: 239 ~ 242.

[52] 刘兆阳. 基于信息融合的机械故障诊断技术研究[J]. 起重运输机械, 2006, 4: 8 ~ 10.

[53] 马平, 吕锋, 杜海峰, 等. 多传感器信息融合基本原理及应用[J]. 控制工程, 2006, 13(1): 48 ~ 52.

[54] Yager R R, Filev D P. Induced ordered weighted averaging operators[J]. IEEE Transactions on Systems, Man and Cybernetics, Part B, 1999, 29(2): 141 ~ 150.

[55] 李宏, 刘江涛, 安玮, 等. 主观 Bayes 方法与神经网络相结合的多传感器数据融合空间点目标识别方法[J]. 红外与毫米波学报, 1997, 16(6): 448 ~ 454.

[56] Bogler P L. Dempster-Shafer Reasoning with Applications to Multi-sensor Target Identification

Systems[J]. IEEE Transactions on systems, Man, and cybernetics, 1989, 17（6）: 901～930.

[57] Ertunc H M, Loparo K A. A decision fusion algorithm for tool wear condition monitoring in drilling [J]. International Journal of Machine Tools & Manufacture, 2001, 41: 1347～1362.

[58] Blasch E. Information Fusion for Decision Making Designing Realizable Information Fusion Systems[J]. Data Fusion for Situation Monitoring, Incident Detection, Alert and Response Management, ISO Press, 2005: 3～22.

[59] Liang H. Small target detection in multisensor system based on Demopster-Shafter evidence theory[J]. The International Society for Optical Engineering, 2001, 9: 272～279.

[60] Niu G, Han T, Yang B S, et al. Multi-agent decision fusion for motor fault diagnosis[J]. Mechanical Systems and Signal Processing, 2007, 21: 1285～1299.

[61] Yang B S, Kim J K. Application of Dempster-Shafer theory in fault diagnosis of induction motors using vibration and current signals [J]. Mechanical Systems and Signal Processing, 2006, 20(2): 403～420.

[62] 李斌, 章卫国, 宁东方, 等. 基于神经网络信息融合的智能故障诊断方法[J]. 计算机仿真, 2008, 25(6): 35～37.

[63] 孙延奎. 小波分析及其应用[M]. 北京: 机械工业出版社, 2005.

[64] 杨建国. 小波分析及其工程应用[M]. 北京: 机械工业出版社, 2005.

[65] Mallat S. A theory for multi-resolution signal decomposition: the wavelet representation[J]. Pattern Analysis and Machine Intelligenee, 1989, 11(7): 674～693.

[66] Daubechies I. Orthonomal bases of compactly supported wavelets[J]. Comm. pure Appl. Math, 1988, 41: 909～996.

[67] Cohen A. Daubechies I. Feauveau J. Bi-orthogonal bases of compaetly supported wavelets[J]. Comm. Pure Appl. Math, 1992, 45: 485～560.

[68] Kaiser Gerald. A friendly guide to wavelets[M]. Bostion: MIT Press, 1994.

[69] Chui C K. Wavelets, theory, logarirhms and applications: wavelets analysis and its application[M]. Texas: A&M University Press, 1994.

[70] Nievergelt Y. Wavelets made easy[M]. Botston: Chenery, 1999.

[71] Daubechies I. Ten Lectures on wavelets[M]. Philadelphia: Society for Industrial and Applied Mathematics, 1992.

[72] Mallat S. A wavelet tour of signal Proeessing[M]. SanDiego: Academic Press, 1998.

[73] Sweldens W, Schroder P. Building your own wavelets at home[J]. Wavelets in Computer Graphics, ACM SIG-GRAPH Course Notes, 1996: 15～87.

[74] Daubechies I. Ten Lectures on Wavelets[C]. Philadelphia, Pennsylvania: SIAM. CBMS Series. 1992.

[75] Grossmann A, Morlet J. Decomposition of hardy functions into square integrable wavelets of

constant shape[J]. SIAM J. Math. Anal, 1984, 15(4), 723~736.

[76] Marshall T G. A fast wavelet transform based upon the Euclidean algorithm[J]. Conference on Information Science and Systems, Johns Hopkins, Maryland, 1993.

[77] Sweldens W. The lifting scheme: A construction of second generation wavelets[J]. SIAM J. Math. Anal, 1996, 29(2): 511~546.

[78] Sweldens W. The lifting scheme: A new philosophy in biorthogonal wavelet constructions [J]. In Proceedings of SPIE, 1995, 2569: 68~79.

[79] Sweldens W. The lifting scheme: A custom-design construction of biorthogonal wavelets[J]. Appl. Comput. Harmon. Anal. , 1996, 3(2): 186~200.

[80] Sweldens W, Schroder P. Building your own wavelets at home[J]. Computer Graphics, 1996: 15~87.

[81] Daubechies I, Sweldens W. Factoring wavelet transforms into lifting steps [J]. Fourier Analysis and Applications, 1998, 4(3): 247~269.

[82] Heijmans H J A M, Pesquet-Popescu B, Piella G. Building nonredundant adaptive wavelets by update lifting [J]. Applied and Computational Harmonic Analysis, 2005, 8 (3): 252~281.

[83] Mallat S, Hwang W L. Singularity detection and processing with wavelets[J]. IEEE Transactions on Information Theory. 1992, 38(2): 617~643.

[84] Shen Q, Liu X Y. Using modulus maximum pair of wavelet transform to detect spike wave of epileptic EEG[J]. Engineering in Medicine and Biology Society, Proceedings of the 20th Annual International Conference of the IEEE, 1998, 3: 1543~1545.

[85] Donoho D L, Johnstone I M. Threshold selection for wavelet shrinkage of noisy data[J]. New Opportunities for Biomedical Engineers, Proceedings of the 16th Annual International Conference of the IEEE, 1994, 1: A24~A25.

[86] Bruce A G, Donoho D L. Denoising and robust nonlinear wavelet analysis[J]. Wavelet Applications Meeting, SPIE Proceedings, 1994, 2242, Orlando, FL, USA, 325~336.

[87] Krim H, Mallat S, Donoho D L. On denoising and best signal representation[J]. IEEE Transactions on Information Theory, 1999, 45(7): 2225~2238.

[88] Hierehoren, Gustavo A. Estimation of Fractal Signals Using Wavelets and Filter Banks[J]. IEEE Transactions on Signal proeessing, 1998, 46(6): 1624~1630.

[89] Juluri N, Swarnamani S. Improved accuracy of fault diagnosis of rotating machinery using wavelet denoising and feature selection [J]. 2003 ASME (American Society of Mechanical Engineers) Turbo Expo, Atlanta, Georgia, 2003: 563~571.

[90] Tansel I N, Mekdeci C, Mclaughlin C. Detection of tool failure in end milling with wavelet transformations and neural networks (WT-NN) [J]. Tools Manufact, 1995, 35 (8): 1137~1147.

[91] 何岭松，吴波，康宜华. 小波分析及其在设备故障诊断中的应用[J]. 华中理工大学

学报，1993，21（1）：82～87.

[92] 陈涛，屈梁生，耿中行. 小波分析及其在机械诊断中的应用［J］. 机械工程学报，1997，33（3）：76～79.

[93] 张梅军，何世平，谭华，等. 小波分析在信号预处理中的应用研究［J］. 振动、测试与诊断，2000，20（3）：211～215.

[94] 袁小宏，屈梁生. 机器振动诊断中信号处理方法的研究［J］. 西安交通大学学报，2001，35（7）：714～717.

[95] 周洋，肖蕴诗，何斌，等. 基于小波变换的机械振动故障诊断系统的研究［J］. 华东交通大学学报，2006，23（4）：105～107.

[96] Wu Y, Du R. Feature extraction and assessment using wavelet packets for monitoring of machining processes［J］. Mechanical System and Signal Process. 1996，10（1）：29～53.

[97] Chen C Z, Mo C T. A method for intelligent fault diagnosis of rotating machinery［J］. Digital Signal Processing，2004，14（3）：203～217.

[98] Zou J, Chen J. A comparative study on time-frequency feature of cracked rotor by Winge-ville disrtibution and wavelet transform［J］. Journal of Sound and Vibration，2004，276（1）：1～11.

[99] Cao S Y, Chen X P. The Second-generation Wavelet Transform and its Application in Denoising of Seismic Data［J］. Applied Geophysics，2005，2（2）：70～75.

[100] 王娜，贾传荧，贾银山. 小波提升格式的研究［J］. 信号处理，2003，19（3）：269～273.

[101] 段晨东，何正嘉. 基于提升模式的特征小波构造及其应用［J］. 振动工程学报，2007，20（1）：85～89.

[102] 段晨东，李凌均，何正嘉. 第二代小波变换在旋转机械故障诊断中的应用［J］. 机械科学与技术，2004，23（2）：224～226.

[103] 段晨东，何正嘉. 第2代小波变换及其在机电设备状态监测中的应用［J］. 西安交通大学学报，2003，37（7）：695～698.

[104] 段晨东，何正嘉. 第二代小波降噪及其在故障诊断系统中的应用［J］. 小型微型计算机系统，2004，25（7）：1341～1343.

[105] 段晨东，何正嘉. 一种基于提升小波变换的故障特征提取方法及其应用［J］. 振动与冲击，2007，26（2）：10～15.

[106] 张金玉，张优云，谢友柏. 时频分析方法在冲击故障早期诊断中的应用研究［J］. 振动工程学报，2000，13（2）：222～228.

[107] 赵婷婷，苑惠娟，邹纯宏. 基于小波分析的阈值去噪改进算法［J］. 理论与方法，2007，26（3）：12～13.

[108] 李玉，于凤芹，杨慧中. 基于新的阈值函数的小波阈值去噪方法［J］. 江南大学学报，2006，5（4）：476～479.

[109] 张维强，宋国乡. 基于一种新的阈值函数的小波域信号去噪［J］. 西安电子科技大学

学报，2004，31(2)：296~299.

[110] 朱云芳，戴朝华，陈维荣. 小波消噪阈值选取的一种改进方法[J]. 电测与仪表，2005，42(475)：4~6.

[111] 付炜，许山川. 一种改进的小波域阈值去噪算法[J]. 传感技术学报，2006，19(2)：534~537.

[112] 李庆武，陈小刚. 小波阈值去噪的一种改进方法[J]. 光学技术，2006，32(6)：831~833.

[113] 杨建国，夏松波，须根法，等. 小波分解与重建中产生频率混淆的原因与消除算法[J]. 哈尔滨工业大学学报，1999，31(2)：61~65.

[114] 杨建国. 基于小波包的滚动轴承故障特征提取[J]. 中国机械工程，2002，13(11)：935~938.

[115] 王海清，宋执环，李平. 改进小波包分频算法及在故障检测中的应用[J]. 浙江大学学报，2001，35(3)：307~311.

[116] 焦李成. 神经网络系统理论[M]. 西安：西安电子科技大学出版社，1992.

[117] 胡手仁. 神经网络应用技术[M]. 北京：国防科技大学出版社，1993.

[118] 杜华英，赵跃龙. 人工神经网络典型模型的比较研究[J]. 计算机技术与发展，2006，12(5)：97~99.

[119] Hopfield J J. Neural Networks and Physical Systems with Emergent Collective Computational Abilities[J]. Proceedings of the National academy of Science，1982，79：2554~2558.

[120] Hopfield J J. Neurons with Graded Response Have Collective Mutational Properties Like of Two-state Neurons [J]. Proceedings of the National Academy of Science，1984，81：3088~3092.

[121] 张淑清，靳世久，吕江涛. 基于神经网络的旋转机械监测参数的信息融合技术[J]. 电子测量与仪器学报，2005，19(3)：15~17.

[122] 黎文锋，邓继忠，沈雷. 神经网络在电机故障诊断中的应用综述[J]. 电气应用，2006，25(3)：45~47.

[123] Carpenter G A，Grosssberg S. ART2：Self-organization of Stable Category Recognition Codes for Analog Input Patterns[J]. Applied Optics，1987，26(23)：4919~4930.

[124] Carpenter G A，Grosssberg S，Rosen D B. ART2-A：An Adaptive Resonance Algorithm for Rapid Category Learning and Recognition[J]. Neural Network，1991，4：493~504.

[125] Ganapathy S K，Titus A H. Toward an Analog VLSI Implementation of Adaptive Resonance Theory (ART2) [J]. Neural Networks，Proceedings of the International Joint Conference on Volume 2，2003：936~941.

[126] Kuo R J，Liao J L，Tu C. Integration of ART2 neural network and genetic K-means algorithm for analyzing Web browsing paths in electronic commerce[J]. Decision Support Systems，2005，40：355~374.

[127] 陈众，蔡自兴，叶青. 基于ART2网络的彩色像素分析及其应用[J]. 中国图像图形

学报，2008，13(4)：634~641.

[128] 李战明，张保梅. 基于 ART2 网络聚类分析的数据融合算法研究[J]. 计算机工程与应用，2005，16：182~184.

[129] 吕秀江，赵研，姚光顺. ART2 神经网络调整子系统结构的改进[J]. 机械与电子，2001，1：62~64.

[130] 艾矫燕，朱学锋. ART2 网络结构与算法的改进[J]. 计算机工程与应用，2003，33：110~112.

[131] 顾民，葛良全. 一种 ART2 神经网络的改进算法[J]. 计算机应用，2007，27(4)：945~947.

[132] 徐艺萍，邓辉文，李阳旭. 一种改进的 ART2 网络学习算法[J]. 计算机应用，2006，26(3)：659~662.

[133] 张明书，王伟. 并行 BP 与 ART-2 复合神经网络诊断应用研究[J]. 农机使用与维修，2007，6：23~25.

[134] 杨尔辅，张振鹏，刘国球，等. 应用 BP-ART 混合神经网络的推进系统状态监控实时系统[J]. 推进技术，1999，20(6)：10~15.

[135] 刘康，余玲. BP 网络与 ART 网络的机械设计分类决策及表达对比研究[J]. 机械设计，1998，11：14~17.

[136] 景敏卿，张晓丽. 基于 ART-并行 BP 神经网络的柴油机故障诊断研究[J]. 机械科学与技术，2007，26(4)：412~416.

[137] Comon P. Independent Component Analysis: a new concept? [J] Signal Processing, 1994, 36(3): 287~314.

[138] Amari S, Cichocki A, Yang H H, et al. A new learning algorithm for blind signal separation[J]. Advance in Neural Information Processing Systems 8, MIT Press, Cambridge, 1996: 757~763.

[139] Cardoso J F. Blind Signal Separation: Statistical Principles [J]. Proc. IEEE, 1998, 9: 2009~2025.

[140] Cardoso J F. Infomax and Maximum Likelihood for Source Separation[J]. IEEE Leffers on Signal Processing, 1997, 4(4): 112~114.

[141] Amari S. Natural Gradient Works Efficiently in Learning[J]. Neural Computation, 1998, 10: 251~276.

[142] Lee T W, Girolami M, Sejnowski T J. Independent Component Analysis Using an Extended Infomax Algorithm for Mixed Subgaussian and Supergaussian Sources[J]. Neural Computation, 1999, 11: 417~441.

[143] Hyvarinen A. The Fixed-Point Algorithm and Maximum Likelihood Estimation for Independent Component Analysis[J]. Neural Processing, 1999, 10: 1~5.

[144] Bell A J, Sejnowski T J. An Information Maximisation Approach to Blind Separation and Blind Deconvolution[J]. Neural Computation, 1995, 7: 1129~1159.

[145] Cardoso J F, Super-symetric decomposition of the fourth-order cumulant tensor. Blind identi-fication of moresources thansensors [J]. ICASSP ' 91, Toronto, Canada, 1991: 3109～3112.

[146] Pesquet J C, Moreau E. Cumulant-Based Independence Measures for Linear Mixtures[J]. IEEE Transactions on Information Theory, 2001, 47(5): 1947～1956.

[147] Vandewalle J, Lathauwer L D, Comon P. The Generalized Higher Order SVD and the Ori-ented Signal to Signal Ratios of Pairs of Signal Tensors[J]. ECCTD'03: European Confer-ence on Circuit Theory and Design, 2003, Cracow, Poland: 389～392.

[148] Cardoso J F. High-order contrasts for independent component analysis[J]. Neural Comput, 1999, 11: 157～192.

[149] 何振亚, 杨绿溪, 刘琚. 一类基于多变量密度估计的盲源分离方法[J]. 电子与信息学报, 2001, 23(4): 345～353.

[150] 张贤达, 保铮. 盲信号分离[J]. 电子学报, 2001, 29(12A): 1766～1771.

[151] 张贤达. 盲信号处理几个关键问题的研究[J]. 深圳大学学报理工版, 2004, 21(3): 196～200.

[152] 岳博, 焦李成. 一种新的联合对角化算法[J]. 电子与信息学报, 2003, 25(7): 892～895.

[153] Zhang L Q, Cichocki A, Amari S. Natural gradient algorithm for blind separation of overde-termined mixture with additive noise [J]. IEEE Signal Processing Letters, 1999, 6(11): 293～295.

[154] Choi S, Cichocki A, Zhang L Q, et al. Approximate maximum likelihood source separation using natural gradient [J]. 3rd IEEE Signal Processing Workshop on Signal Processing Ad-vances in Wireless Communications, Taoyuan, Taiwan: 2001: 20～23.

[155] 朱孝龙, 张贤达. 基于奇异值分解的超定盲信号分离[J]. 电子与信息学报, 2004, 26(3): 337～343.

[156] Yokoi T, Yanagimoto H, Omatu S. Information filtering using SVD and ICA[J]. Artif Life Robotics, 2006, 10: 116～119.

[157] Albera L, Ferreol A, Comon P, et al. Blind Identification of Over-determined and under-determined Mixtures of sources (BIOME) [J]. Linear Algebra Applications, 2004, 391: 1～30.

[158] Boll P, Zibulevsky M. Underdetermined Blind Source Separation Using Sparse Representa-tions[J]. Signal Process, 2001, 81: 2353～2362.

[159] Yilmaz O, Rickard S. Blind separation of speech mixtures via time-frequency masking[J]. IEEE Trans. Signal Processing, 2004, 52(7): 1830～1847.

[160] Comon P, Rajih M. Blind Identification of Under-Determined Mixtures Based on the Charac-teristic Function[J]. ICASSP'05, Philadelphia, 2005: 18～23.

[161] Comon P. Blind channel identification and extraction of more sources than sensors[J]. SPIE

Conference, SanDiego, US, July, 1998: 2 ~ 13.

[162] Babaie-Zadeh M, Jutten C, Mansour A. Sparse ICA via Cluster-wise PCA[J]. Neurocomputing, 2006, 69: 1458 ~ 1466.

[163] He Z S, Xie S L, Fu Y L. Sparsity analysis of signals[J]. Progress in Natural Science, 2006, 16(8): 879 ~ 884.

[164] Trung N, Belouchrani A, Abed-Meraim K, et al. Separating More Sources Than Sensors Using Time-Frequency Distributions[J]. EURASIP Journal on Applied Signal Processing, 2005, 17: 2828 ~ 2847.

[165] 焦卫东, 杨世锡, 吴昭同. 基于源数估计的旋转机械源盲分离[J]. 中国机械工程, 2003, 14(14): 1184 ~ 1187.

[166] 张洪渊, 贾鹏, 史习智. 确定盲分离中未知信号源个数的奇异值分解法[J]. 上海交通大学学报, 2001, 35(8): 1155 ~ 1158.

[167] Roan M J, Erling J G, Sibul L H. A New, Non-linear, Adaptive, Blind Source Separation Approach to Gear Tooth Failure Detection and Analysis[J]. Mechanical Systems and Signal Processing, 2002, 16(5): 719 ~ 740.

[168] IEEE Expert staff. Expert Focus-Expert System Tools: The Next Generation[J]. IEEE Expert: Intelligent Systems and Their Applications, 1989, 4(1): 75 ~ 76.

[169] Deal D E, Chen J G, Ignizio J P. An expert system scheduler: some reflections on expert systems development[J]. Computers and Operations Research, 1990, 17(6): 571 ~ 580.

[170] Davies L. From expert to expertise: principles of expert system design[J]. Knowledge based management support systems, 1989: 341 ~ 347.

[171] Xiao L T, Li M Y. The fault diagnosis expert system for automatic control system[J]. Proceedings of the third international conference on Young computer scientists, Beijing, China, 1993: 2153 ~ 2154.

[172] Rahman A F R, Fairhurst M C. Multiple expert classification: a new methodology for parallel decision fusion[J]. Internation Journal on Document Analysis and Recognition, 2000, 3: 40 ~ 55.

[173] Chan F T S, Mak K L, Law F S M. An expert system for maintenance scheduling[J]. International Journal of Computer Applications in Technology, 1999, 12(6): 329 ~ 338.